FORSCHUNGSBERICHTE
DES WIRTSCHAFTS- UND VERKEHRSMINISTERIUMS
NORDRHEIN-WESTFALEN

Herausgegeben von Staatssekretär Prof. Leo Brandt

Nr. 111

Fachverband Steinzeugindustrie

Die Entwicklung eines Gerätes zur Beschickung seitlicher Feuer von Steinzeug-Einzelkammeröfen mit festen Brennstoffen

Als Manuskript gedruckt

WESTDEUTSCHER VERLAG / KÖLN UND OPLADEN

1955

ISBN 978-3-663-03433-9   ISBN 978-3-663-04622-6 (eBook)
DOI 10.1007/978-3-663-04622-6

Forschungsberichte des Wirtschafts- und Verkehrsministeriums Nordrhein-Westfalen

Bald nach dem Ausgang des Krieges wurde es offenbar, daß Deutschland mit der Welt nur bei maßgeblicher Rationalisierung seiner industriellen Fertigung würde konkurieren können. Der hohe Kohlenverbrauch der diskontinuierlichen Öfen, die damals noch ausnahmslos in der Steinzeugindustrie gebraucht wurden, führte in Verbindung mit dem herrschenden Kohlenmangel zu der Erkenntnis, daß Rationalisierungsmaßnahmen in der Steinzeugindustrie sich vordringlich auf eine Verminderung des Kohlenverbrauchs zu konzentrieren hätten.

Hierfür boten sich zwei Wege an:

    a) Die Rationalisierung des Brennbetriebes der bestehenden nicht kontinuierlichen Öfen,

    b) die Schaffung von neuen für Steinzeugbrand geeigneten Typen kontinuierlicher Öfen.

Der erste Weg erschien als der einfachere, wenngleich auch mit einer optimalen Gestaltung des Brennbetriebes des diskontinuierlichen Ofens keinesfalls die Ersparnisse zu erreichen waren, wie in kontinuierlichen Öfen. Hierfür sprach, daß kontinuierliche Öfen oftmals nur beschränkt in ihrem Leistungsvermögen reguliert werden können und sich demgemäß schlecht auf den schwankenden Absatz einstellen lassen, und daß sie ferner vornehmlich geeignet sind für gleichartige Massenwaren, während sie sich weniger für kleinere Serien großer Teile und für unregelmäßige Stücke eignen. Die Folge hiervon ist, daß selbst in Amerika, dem Lande, in dem der kontinuierliche Ofen am weitesten entwickelt ist, auch heute noch in Steinzeugwerken neben dem kontinuierlichen Ofen Einzelkammeröfen selbst in neuen Werken neu erstellt werden. Diese Überlegungen waren maßgebend dafür, die Rationalisierung der bestehenden Einzelkammeröfen in Angriff zu nehmen.

Die Ursachen des hohen Brennstoffverbrauchs der Einzelkammeröfen sind vor allem folgende:

1. Die Abwärme geht bei dieser Ofenart zum größten Teil verloren.

2. Die Beschickung dieser Öfen war durchweg nur von Hand möglich. Dies führt zwangsweise zu großen Verlusten, da im Augenblick des Aufwurfs zuviel Brennstoff und zu wenig Luft für eine rationelle Verbrennung zur Verfügung steht, während gegen Endes des Abrandes umgekehrt wenig

Seite 3

Brennstoff einem starken Luftüberschuß entgegensteht. Nur an dem Schwenkpunkt zwischen beiden ist das Verhältnis Luft - Brennstoff - Gemisch in einem kurzen Augenblick richtig aufeinander abgestimmt.

Schon vor dem Kriege angestellte Versuche hatten gezeigt, daß diese ungünstigen Verhältnisse wesentlich gebessert werden konnten, wenn anstatt der meist ein- oder halbstündigen Beschickung eine solche in 5 Minuten-Abständen durchgeführt wurde. Eine solche Beschickungsart ist jedoch von Hand nur für einen Versuch durchführbar, da er mindestens die doppelte Bedienung unter laufender ingenieurmäßiger Kontrolle zur Voraussetzung hat.

Es galt somit, einen Weg zu suchen, wie man dieses bereits von Hand mehrfach erprobte Verfahren mechanisieren könnte. Man konnte von vornherein damit rechnen, daß sich bei Auffindung eines solchen Weges mindestens die gleiche Ersparnis von 15 - 20 % ergeben würde, wie sie sich bei der Mechanisierung aller anderen mechanisch betriebenen Brennstellen herausgestellt hatte. Es lag dabei nahe, zu versuchen, eines der bei Kessel- und anderen Feuerungen bereits bewährten Systeme - gegebenenfalls in Abänderung - auch für den Steinzeugbrand zu verwenden. Die diesbezüglich angestellten Untersuchungen führten jedoch zu einem negativen Ergebnis. Die bekanntesten Einrichtungen, so der Wanderrost, die Wurffeuerbeschickung, schieden aus, da hierfür der zur Verfügung stehende Raum in den Öfen nicht ausreiche und die Einzelkammeröfen mit sehr vielen Feuern betrieben werden müssen und eine ebenso große Anzahl entsprechender Beschickungseinrichtungen erforderlich wären. Dies hätte einen viel zu hohen Investitionsaufwand verursacht. An eine baldige Amortisation der Einrichtung wäre nicht zu denken gewesen.

Einzig die in Amerika für den gleichen Zweck verwandten Unterschubbeschicker (Abb. 1) wären in Betracht gekommen. Aber auch diese Einrichtungen hätten einen hohen Investitionsaufwand notwendig gemacht und erhebliche Umbauten an den Feuerungen der Öfen gefordert. Dieses System beruht darauf, daß aus einem Bunker mit Hilfe einer durch einen Elektromotor betriebenen Schnecke Kohle von unten in die Feuer gedrückt wird. Um einen ausreichenden Regulierungsbereich zu erhalten, ist ein vielstufiges oder stufenloses Getriebe mit sehr weitgehendem Verstellbereich erforderlich. Eine Versetzung von Ofen zu Ofen ist nur bezüglich des Bunkers und des Antriebteiles möglich, während die Rosteinrichtung im

Forschungsberichte des Wirtschafts- und Verkehrsministeriums Nordrhein-Westfalen

Abbildung 1
Engl. Unterschubfeuer nach USA Muster

Ofen verbleiben muß. Hierdurch allein wird die Rentabilität dieser Einrichtung in Frage gestellt, da ein Steinzeugofen nur 1/2 der Zeit gebrannt wird und zur Abkühlung die Hälfte der Zeit still steht. Diese Einrichtungen haben sich demzufolge trotz vielfacher Versuche in den USA ebenso wenig wie in England an den Einzelkammeröfen auf die Dauer durchsetzen können. Sie werden vornehmlich nur noch an kontinuierlich gebrannten Öfen verwandt und bei Einzelkammeröfen nur an solchen Öfen, bei denen die Summe der bisher in den Ofenwänden angebrannten Feuer durch ein zentrales Feuer ersetzt ist (Abb. 2).

Wenn auch eine Rentabilität dieser Einrichtungen, wie gesagt, wegen der hohen Investitions- und Umbaukosten nur gering war, so wurde doch mit diesen Einrichtungen bewiesen, daß Ersparnisse von 20 - 25 % mit der automatischen Beschickung ohne Schwierigkeiten zu erreichen waren.

Nachdem also keines der bekannten Systeme für die gestellte Aufgabe in Betracht kam, wurde nach einem anderen Weg gesucht und für diesen folgende Forderung aufgestellt:

1. Das Gerät sollte mit tragbaren Kosten zu erstellen sein.

2. Das Gerät müßte möglichst von einem Mann von Ofen zu Ofen versetzt werden können, um eine volle Ausnutzung sicherzustellen.

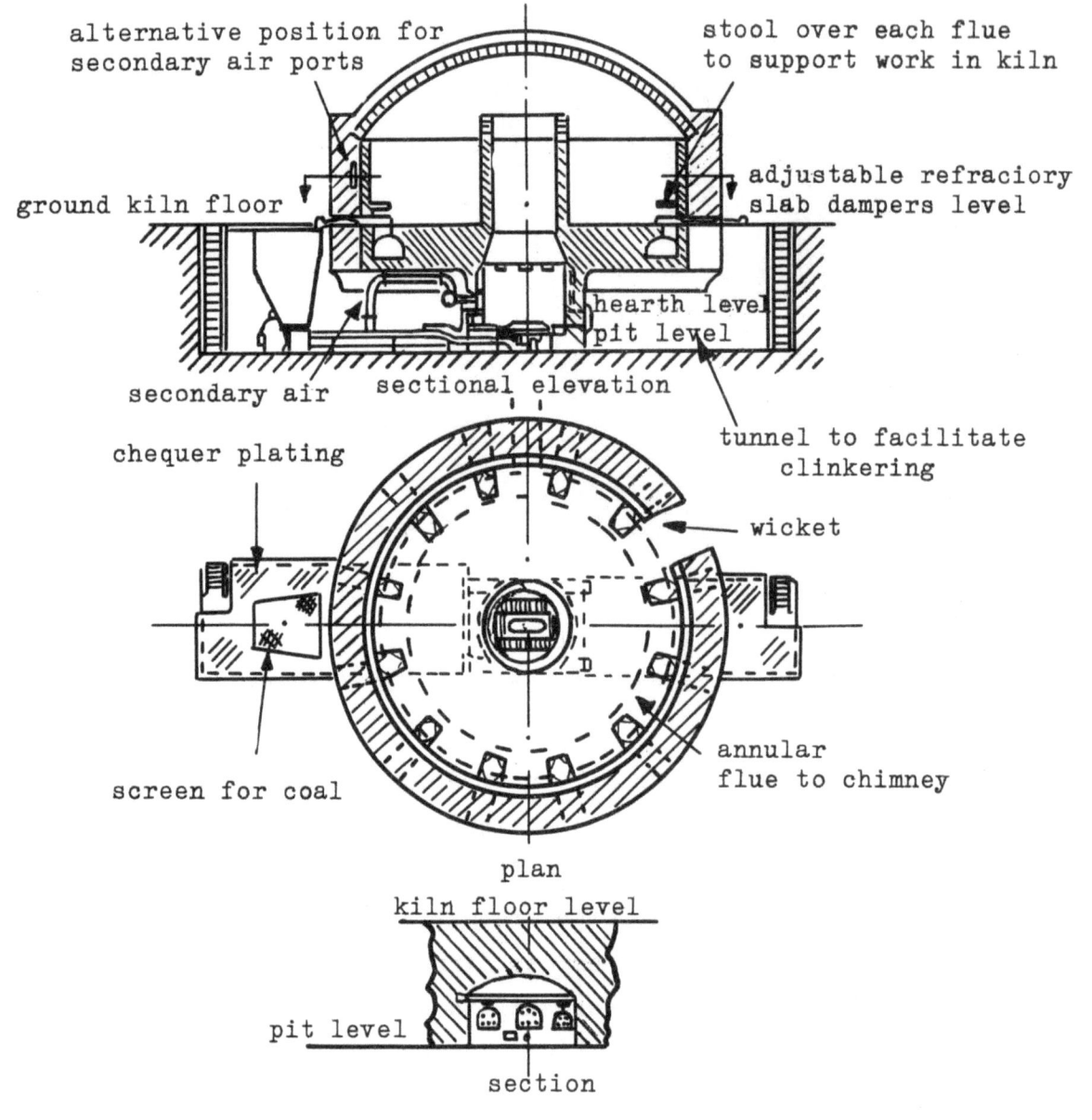

Abbildung 2

Plan and elevation of first stoker-fired kiln for silica bricks

3. Das Gerät sollte so einfach und so robust wie möglich sein, um den Forderungen des rauhen Brennbetriebes zu entsprechen.

4. Es müßte ein ausreichender Regulierbereich vom kleinsten Schmauchfeuer zum Hochfeuer gegeben sein.

5. Die Summe der an einem Ofen anzubringenden Geräte (es gibt Ofenkammern mit bis zu 30 Feuern) müßte zentral regulierbar sein.

6. Jedes Feuer müßte neben der zentralen Regulierbarkeit noch einzeln regulierbar sein, da die Feuer durch unterschiedliche Verschlackung,

unterschiedliche Lage der Roste usw. unterschiedlich abbrennen und demgemäß einen veränderlichen Kohlenverbrauch aufweisen.

7. Es sollte die Möglichkeit vorgesehen werden, die Feuerungen auch von Hand zu beschicken, wenn beispielsweise durch Ausfall des Stromes oder eine andere Störung die Geräte ganz oder vorübergehend ausfielen.

8. Wenn irgend möglich, sollte die schwere Hitzearbeit der Brenner durch die Einrichtung erleichtert werden.

9. Es sollte ein möglichst geringer Umbau der vorhandenen Öfen notwendig sein.

10. Die Kohle sollte möglichst kontinuierlich aufgegeben werden, um einen möglichst unterbrechungslosen, gasförmigen Feuerstrom zu erreichen.

Die Summe dieser Forderungen schien nach einem Vorschlag von Herrn Dipl.-Ing. PELS LEUSDEN durch Anwendung des bekannten magnetisch angetriebenen Vibrationsbeschicker unter Einrieselung der Kohle von oben am ehesten realisierbar. Bedenken bestanden jedoch in Bezug darauf, ob es gelingen würde, den magnetischen Antrieb genügend gegen die Ofenwärme abzuschirmen; ferner war es unsicher, ob man mit der Einrieselung des Brennstoffes eine gleich gute Verbrennung wie mit anderen mechanischen Beschickungsarten erreichen würde. Schließlich war es auch fraglich, ob es gelingen würde, die Apparatur selbst so auszustatten, daß kein zu großer Verschleiß, z.B. der Aufgaberinne, durch die Hitzebeanspruchung eintreten würde. Bei der Entwicklung des Gerätes wurde deshalb das besondere Augenmerk auf diese Gefahrenpunkte gerichtet. Man war sich dabei bewußt, daß ein in jeder Weise neuartiges Gerät zu schaffen war, für das praktisch keinerlei Erfahrungen mit ähnlichen Geräten zur Verfügung stand. Es ist wohl begreiflich, daß einer solchen vollständigen Neuentwicklung vielseitige Skepsis begegnete.

Neuentwicklungen solcher Art werden zweckmäßigerweise an einer Ein-Apparat-Kammer vorgenommen. Ein nur mit einem Einzelfeuer ausgestatteter Ofen stand jedoch nicht zur Verfügung. Der besonderen Erstellung eines solchen Ofens stand, abgesehen von den Kosten, auch entgegen, daß hierbei nur schwer die Verhältnisse nachgeahmt werden können, wie sie der eigenartige Steinzeugbrand erfordert.

Alle Versuchsbrände mußten deshalb an Öfen der normalen Produktion durchgeführt werden. Die Entwicklung stand damit von Anbeginn unter der

Forschungsberichte des Wirtschafts- und Verkehrsministeriums Nordrhein-Westfalen

Schwierigkeit, sich den Erfordernissen der laufenden Produktion zeitlich anpassen und stets die Gefahren im Auge behalten zu müssen, die der Ware bei allzu großer Abweichung von den vorgeschriebenen Temperatursteigerungen droht. Sie hatte andererseits den Vorteil, stets wirklichkeitsnah zu bleiben und solche Lösungen in Betracht zu ziehen, die mit den Erfordernissen des praktischen Betriebes in vollem Einklang stehen.

Nachstehend wird die stufenweise Entwicklung in ihrem chronologischen Ablauf beschrieben.

Erste Entwicklungsstufe (s. Abb. 3)

Es wurde ein erster Apparat in sinngemäßer Anlehnung an die bekannten Vibrationsbeschicker für Schüttgüter gebaut. Die Stehfedern waren jedoch in doppelter Ausführung und zu beiden Seiten des Feuers verlegt, um freien Zugang zu den Feuern zu behalten. Sie waren auch länger ausgeführt, um Wurfbewegungen der Rinne mittels Tauchmagneten für den Fall ausführen zu können, daß die Austragsrinne, wenn sie ständig in das Feuer hineinragte, zu heiß werden würde. Der Apparat wurde an einem in den übrigen Feuern mit Hand weiter beschickten Ofen angebracht. Die Ausbildung des Feuers blieb die gleiche, wie bei der Handbeschickung, lediglich die Feuertür wurde auf das durch die Austragsrinne benötigte Maß verkleinert.

Der mit diesem Apparat durchgeführte Brand zeigte, daß das Prinzip der vibrierenden Wurfbewegung für die Kohlezuführung möglich war. Magnet und Apparat waren im ganzen nicht zu heiß geworden, nur die Rinne war an ihrem vorderen Teil abgebrannt. Es erschien jedoch möglich, diesen Fehler durch Höherverlegen der Rinne zu beheben. Eine Abdichtung des ganzen Apparates gegenüber dem Feuer war noch nicht gegeben, und es war aus dem Betrieb eines so mechanisch betriebenen Feuers in Verbindung mit einer Anzahl anderer von Hand betriebener Feuer noch nicht zu erkennen, inwieweit eine solche Abdichtung nötig sein würde. Die Regulierbarkeit hatte sich als durchaus ausreichend herausgestellt. Diese erste, nur zur Klärung der Durchführbarkeit des Prinzips gedachte Bauform war natürlich noch in keiner Weise versetzbar gestaltet. Im ganzen ermutigte aber dieser Brand zur Fortsetzung der Entwicklung.

Da ein voller Überblick über die Brauchbarkeit anhand eines Apparates natürlich nicht zu gewinnen war, wurde beschlossen, die zweite Entwick-

Forschungsberichte des Wirtschafts- und Verkehrsministeriums Nordrhein-Westfalen

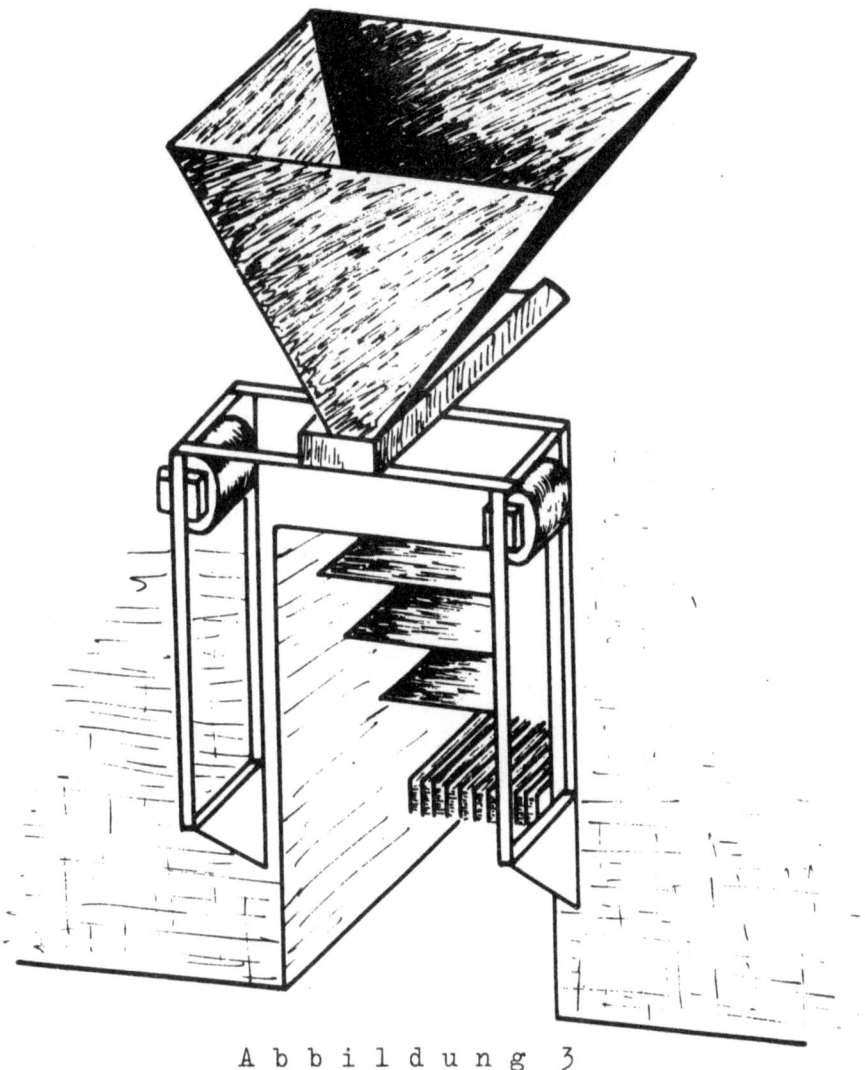

Abbildung 3

Prinzipskizze des 1. Versuchsbeschickers

lungsstufe gleich in acht Ausführungen für einen mit acht Feuern ausgestatteten Ofen zu bauen. Die Begrenzung auf nur acht Apparate erfolgte mit Rücksicht auf die entstehenden Kosten, obwohl nur wenige Öfen mit nur acht Feuern zur Verfügung standen und obwohl diese Öfen größtenteils alt waren. Immerhin konnte erwartet werden, daß hiermit ein Überblick über die praktischen Möglichkeiten der Verwirklichung des Prinzips gefunden werden konnte und daß sich hieraus technische Gesichtspunkte für eine Weiterentwicklung würden finden lassen. Die gewählte Ausführungsform ist in den Abbildungen 4 und 5 dargestellt.

Wie man sieht, sind bereits hierin eine Reihe der eingangs gestellten Forderungen verwirklicht, d.h. die Geräte sind bereits - im Gegensatz zu dem ersten Versuchsgerät - zu einem geschlossenen Ganzen zusammengebaut.

Forschungsberichte des Wirtschafts- und Verkehrsministeriums Nordrhein-Westfalen

Abbildung 4
Beschicker - Entwicklungsstufe II

Abbildung 5
Beschicker - Entwicklungsstufe II

Die Apparate sind auch bereits als Ganzes abkippbar und bei Verwendung der Steharme als Holme karrenartig verschieb- und somit von Ofen zu Ofen versetzbar. Kennzeichnend für die Ausführung im einzelnen sind:

__Forschungsberichte des Wirtschafts- und Verkehrsministeriums Nordrhein-Westfalen__

a) Eine gerade, winkelverstellbare Rinne mit geradem Auslauf,

b) die Rinne ist noch offen und nicht ummantelt,

c) der Magnet liegt schräg unter der Rinne,

d) anstelle der üblichen Stehfedern sind liegende Querfedern angeordnet, um die Bedienung des Feuers so wenig wie möglich zu behindern.

Der erste mit diesen Geräten durchgeführte Brand galt im wesentlichen nur der grundsätzlichen Prüfung der Funktion der Geräte. Eine genaue Brennstoffverbrauch-Kontrolle fand noch nicht statt. Immerhin zeigte die überschlägige Kontrolle eine Brennstoffersparnis von ca. 20 %. Die Ware war gut gebrannt, aber zu hell und die Glasur war stumpf, weil es offenbar nicht gelungen war, das Feuerbett genügend heiß für die Verdampfung des Salzes zu halten. Es war auch offenbar nicht gelungen, die für die Bildung der dunkleren Glasur notwendige Atmosphäre im Ofen nach dem Brand zu erreichen. Der Brand zeigte weiter, daß bei der offenen Einführung der Rinne zuviel Luft in die Feuerung dringt, so daß praktisch nur schwer reduzierend gebrannt werden konnte, wie dies bei Steinzeug im letzten Teil des Brandes nötig ist. Die Apparate förderten nicht ausreichend genau, und es erwies sich als notwendig, jeden Apparat mit einer Einzelregulierung auszustatten, um die Kohlenaufgabe auf den unterschiedlichen Abbrand der einzelnen Feuer einstellen zu können. Es waren vielfach Nachhilfen notwendig, vornehmlich, wenn die Kohle an der heißen Rinne anbackte. Schließlich zeigte sich erstmalig eine grundsätzliche Schwierigkeit in der Form, daß der Brand zwar bis 900 Grad C programmgemäß verlief, daß aber eine Temperatursteigerung über 900 Grad sehr schwierig war. Es konnte jedoch bei diesem Brand noch keine eindeutige Erklärung für diese überraschende Erscheinung gefunden werden. Man war jedoch zunächst der Meinung, daß sich dies wahrscheinlich verbessern würde, wenn man den Zutritt falscher Luft besser verhindern würde.

Die bei diesem Brand festgestellten Mängel wurden nacheinander beseitigt. Die Apparate wurden je mit einem getrennten Regulierwiderstand ausgestattet. Sie erhielten eine Abdichtklappe in der Rinne. Es wurde ferner ein Schauloch unter dem Apparat angebracht, um die Höhe der Kohlenanlage einsehen zu können.

Nach Beseitigung dieser ersten grundsätzlichen Mängel wollte man sich ein Urteil über die tatsächliche erreichten Ersparnisse verschaffen.

Zu diesem Zweck wurde ein Einkammerofen mit Hand befeuert und die in den einzelnen Brennabschnitten dabei benötigten Kohlenmengen unter Kontrolle und unter Benutzung der Geräte der Wärmestelle des D.K.V. ermittelt und hiernach der gleiche Ofen mit gleichem Inhalt und den gleichen Kontrollen mit Beschickern gebrannt. An Meßinstrumenten waren eingebaut: eine große Anzahl über die ganze Kammer, oben und unten, an den beiden Stirnseiten, im Innern, an den Wänden und im Fuchs verteilter Thermo-Elemente, zwei automatische Rauchgasprüfer, Zugmesser oben, unten und im Fuchs, sowie ein Gerät zur Messung der Rauchdichte. Die Brennstoffmenge wurde gewogen und zusätzlich volumenmäßig der Verbrauch der einzelnen Apparate gemessen (Abb. 6 und 7).

Abbildung 6
Instrumentenbrett I

Das Ergebnis des Brandes

Die Brennstoffaufgabe vollzog sich gleichmäßiger als an dem Vorbrand, aber noch keineswegs so gleichmäßig wie gewünscht. Es waren auch hier wieder laufend Nachhilfen von Hand notwendig. Die Abdichtung mit Hilfe von Klappen, unter denen der Brennstoff herausrieselte, erwies sich noch nicht als zuverlässig und war offenbar noch nicht dicht genug. Die Feuer brannten unterschiedlich ab. Es zeigte sich, daß die damals noch punktförmige Aufgabe der Kohle zur Bildung eines Schüttkegels führte, der vornehmlich

Abbildung 7
Instrumentenbrett II

oberflächlich abbrannte, während er im Innern schwarz blieb und hier stark zusammenbackte. Es war damit in kurzen Zeitabständen notwendig, diese Schüttkegel einzeln aufzubrechen und den Aufbruch gleichmäßig über das Feuer zu verteilen. Wie bei dem Vorbrande war die Steigerung der Temperatur bis etwa 950 Grad wie gewünscht, darüber hinaus war eine Steigerung nur schwer herbeizuführen, da die Kohle in den Feuern hochliegend nicht mit der gewünschten Schnelligkeit abbrannte. Dies erklärt sich daraus, daß der Zug nicht ausreichte, um die hochliegende Kohle schnell genug zu verbrennen. Der Brand konnte praktisch nicht bis zum letzten Ende mit Beschickern durchgeführt werden; die letzten zum Garbrand erforderlichen Temperaturgrade konnten nur mit Handbeschickung erreicht werden. Immerhin wurde bei dieser Gelegenheit erstmalig bewiesen, daß es ohne weiteres möglich war, die Geräte während des Brandes abzubauen und von der maschinellen Beschickung ohne Temperaturverlust zur Handbeschickung überzugehen. Die Ware zeigte sich bei Aussatz des Ofens als gut gebrannt, die Glasur war dunkel und glänzend. Es ergab sich trotz der Schwierigkeiten des Brandes wiederum eine Ersparnis von 14,9 %. Zusätzlich hatte der Brand, insbesondere durch die genaue Kontrolle eine ganze Reihe neuer Erkenntnisse gebracht. So zeigte die Gasanalyse erstmalig, daß eine sehr hochwertige Verbrennung von bis zu fast 15 % CO_2 mit der Rieselbeschickung zu erreichen war. Die Brennstoffersparnisse waren ausweislich der Verbrauchsmessungen darauf zurückzuführen, daß das Temperaturgefälle im Ofen gegenüber der Handbeschickung erheblich vergrößert war und daß somit über einen langen Teil des Brandes die Abgasverluste bedeutend verringert waren. Dies ist immer dann der Fall, wenn ein möglichst optimales Verhältnis zwischen Kohle und Luft herbeigeführt wird und wenn erst möglichst spät reduzierend gebrannt wird, wie dies in Bezug auf die chemische Zusammensetzung der Ware und zur Erreichung einer möglichst gleich hohen Temperatur oben und unten im Ofen nötig ist.

Es galt nunmehr zu untersuchen, wie man die stark backende Wirkung der Kohle aufheben muß, um das ständige Aufbrechen zu vermeiden. Hierbei ging man davon aus, daß die backende Wirkung zumindest sehr vermindert werden kann, wenn man nicht alle Kohle auf eine Stelle aufgeben würde. Diese Überlegung führte zur Ausbildung einer Breitstreumündung der Rinne des Beschickers (Abb. 8).

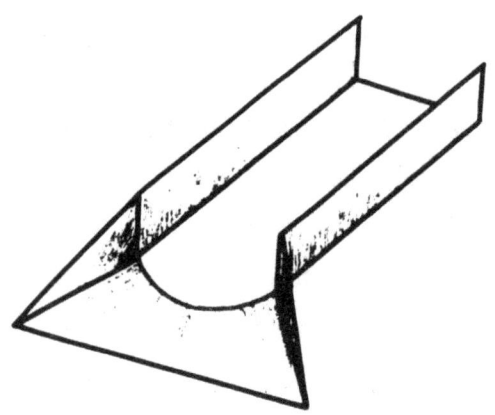

A b b i l d u n g 8
Breitstreurinne

Streuversuche im kalten Zustand führten, wie diese Abbildung zeigt, zu einer Form, die über die ganze Breite der Feuerung einen gleichmäßigen Kohleaustrag gestattet. Der Streuwinkel wurde dabei so gewählt, daß er in der Höhe des Kohlenbettes etwas breiter als das Feuer war, da die Kohle erfahrungsgemäß an den Seitenwänden schneller abbrennt als inmitten des Feuers. Die Apparate erfuhren nachträglich eine Regulierung, um die festgestellten Mängel gleichmäßigen Austrags zu vermindern. Um schließlich die Rinne noch besser vor der Strahlung zu schützen und um andererseits den Übergang vom Beschickerbetrieb zum Handbetrieb zu verbessern, wurde ein Einlaufstein (Abb. 9) vorgesetzt, der durch Wölbung die Rinne

Forschungsberichte des Wirtschafts- und Verkehrsministeriums Nordrhein-Westfalen

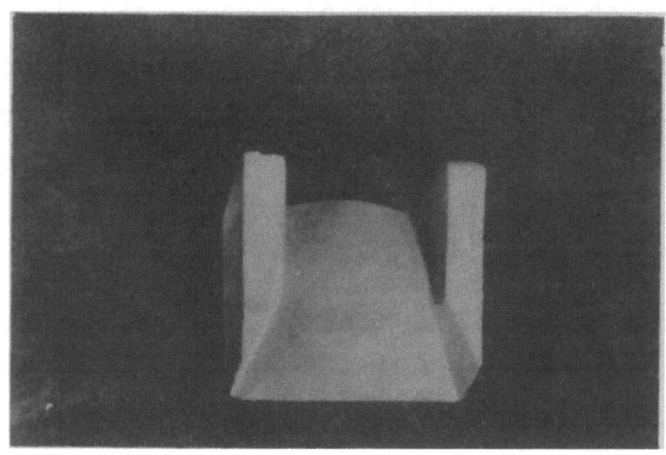

Abbildung 9
Einlaufstein

vor der direkten Bestrahlung des Feuers schützen sollte. Gleichzeitig unterstützte diese Wölbung die Breitstreuung.

So hergerichtet wurde der vierte Brand, wiederum unter Kontrolle des Verbrauches, der Temperatursteigerung, der Gaszusammensetzung usw. durch die entsprechenden Instrumente durchgeführt.

Die Erwartungen, die an die Breitstreuvorrichtung in Bezug auf die Verminderung des Backens der Kohle gestellt worden waren, wurden bei diesem Brand weit übertroffen. Es stellte sich neuartigerweise nämlich heraus, daß die Gasflammkohle ihren bekannten backenden Charakter vollständig verliert, wenn das einzelne Korn seine flüchtigen Bestandteile abgegeben hat, bevor es von einem neuen Korn bedeckt wird. Bei der Anordnung der Breitstreuung ist eine so breite Streuungslinie gegeben, daß bei der in der Zeiteinheit aufgegebenen geringen Kohlenmenge nicht einmal im Ausnahmefall ein Kohlekorn auf ein anderes auffällt, bevor dieses seine flüchtigen Bestandteile vollständig abgegeben hat und praktisch zu Koks geworden ist. Der Koks backt nicht mehr und bekommt daher den Charakter eines Rieselgutes.

Diese Erkenntnis führte zu einer ganz neuen Betrachtungsweise der ganzen Frage der Beschickung. War man ursprünglich davon ausgegangen, daß man mit den Beschickern die Beschickung von Hand mechanisieren wollte, daß man aber an der Feuerungsweise selbst nichts ändern wollte, und war man sich wohl darüber klar, daß man die Kohle in gewissen Zeitabständen auch

Forschungsberichte des Wirtschafts- und Verkehrsministeriums Nordrhein-Westfalen

beim Beschickerbetrieb würde aufbrechen müssen, wie dies bei der Beschickung von Hand nötig ist, so eröffnete sich durch die oben geschilderte Erscheinung die Möglichkeit, auf das Aufbrechen der Feuer von Hand beim Beschickerbetrieb zu verzichten. Hiermit würde vornehmlich der Forderung Rechnung getragen, daß die schwere Hitzearbeit, wenn möglich, durch den Beschicker erleichtert werden sollte.

Wieder war man einen maßgeblichen Schritt weitergekommen. Indessen zeigte sich dennoch, daß trotz dieser Verbesserungen bei nunmehr etwa 1000 Grad C eine Steigerung der Temperatur nur mit Schwierigkeiten zu erreichen war. Es war schon bei dem vorherigen Brand gesehen worden, daß die Feuer sehr unterschiedlich schnell abbrannten. Genauere Messungen ergaben, daß der Unterschied zwischen den Feuern maximalen und minimalen Kohleverbrauchs im Verhältnis 1 : 3 war. Begreiflicherweise muß man gerade im Hochfeuer bestrebt sein, soviel Kohle als nur irgend möglich zu verbrennen. Je mehr Brennstoff- und damit Kalorien - dem Ofen in der Zeiteinheit zugeführt werden können, um so kürzer wird der Brand und um so geringer die zeitabhängigen Verluste.

Es war nunmehr zu klären, worauf denn eigentlich der so unterschiedliche Kohlenverbrauch scheinbar völlig gleichartiger Feuerungen, die alle unter dem gleichen Zug standen, zurückzuführen war. Bei näherer Betrachtung zeigt sich, daß die Roststäbe (Abb. 10) keineswegs so gleichmäßig lagen, wie man annahm. Die Roststäbe des Feuers mit geringstem Kohlenverbrauch lagen wie voll ausgezogen und bei gut brennendem Feuer wie punktiert gezeichnet. Dies letzte Feuer wies auch nur, trotz stärkerem Kohlezufluß, eine sehr geringe Schichthöhe der Kohle auf, während das schlecht brennende Feuer (ausgezogene Linie) fast ganz mit Kohle in Koksform angefüllt war.

Soweit noch möglich, wurden nunmehr alle Roststäbe in die Schräglage des am besten brennenden Feuers gebracht. Noch während der Durchführung dieser Maßnahme und verstärkt noch bei der Vollendung stieg die Temperatur des Ofens schnell an. Es wurden dabei Feuerungstemperaturen erreicht, wie sie im Steinzeugofen üblicherweise nicht vorkommen, so daß zu befürchten stand, daß die auf solche Temperaturen nicht eingerichteten Feuerungen Schaden nehmen würden. Die Temperaturen selbst können nicht angegeben werden, da das in eine Feuerung gestellte Platinpyrometer im Porzellanrohr hierbei zerstört wurde.

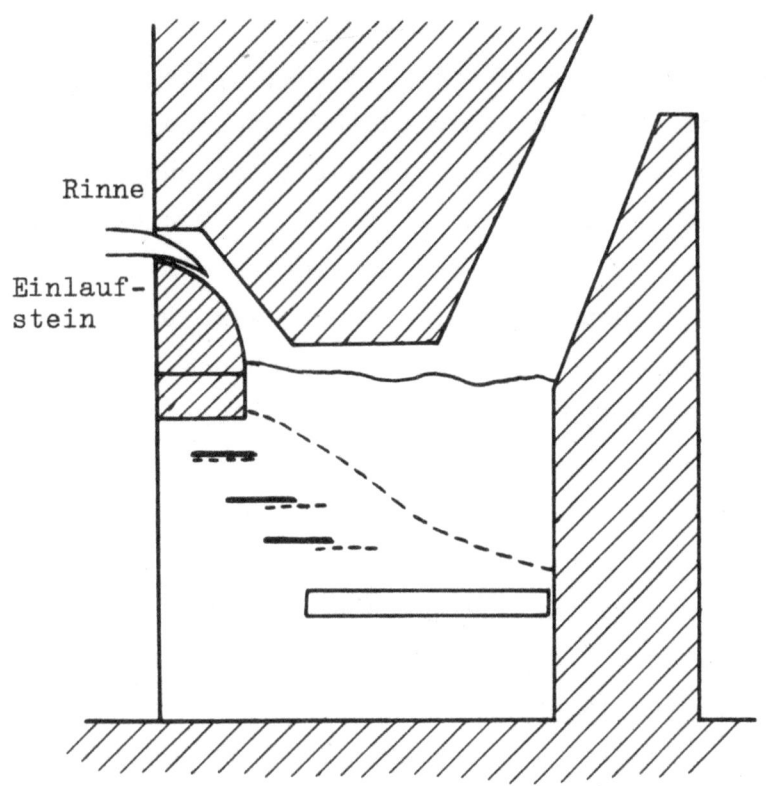

Abbildung 10
Schlechte Lage der Roststäbe u. hohes Kohlebett (ausgezogen)
Richtige   "   "   "   u. niedriges   "   (punktiert)

Dieser Brand konnte nunmehr bis zu Ende durchgeführt werden, obwohl noch häufig Störungen im Zulauf der Kohle beseitigt werden mußten. Wenngleich auch die gegenüber dem Vorbrand geänderte Ausführung der Abdichtung immer noch nicht befriedigte, so hatte sie immerhin zum Ergebnis, daß im letzten Teil des Brandes, wie gewünscht, schwach reduzierend gebrannt werden konnte. Gesalzen wurde bei diesem Brand mit Hilfe einer besonderen Salzrinne, da befürchtet wurde, daß das Salzen mit den Apparaten keine guten Ergebnisse bringen würde. Auch die Nachfeuerung wurde von Hand vorgenommen, um unter allen Umständen eine gute Verkaufsware zu erhalten.

Das mit dem Vertreter des D.K.V., Herrn KALLIPKE, und dem damaligen Leiter der Forschungsstelle, Herrn BENDER und Herrn PELS LEUSDEN ausgefertigte Protokoll schloß mit folgender Feststellung:

"So daß als bisheriges Abschlußergebnis, wie bereits gesagt, angenommen werden kann, daß das gewählte Beschickerprinzip sich für den praktischen Betrieb eignet, in den Einzelheiten aber noch verfeinert werden muß."

Forschungsberichte des Wirtschafts- und Verkehrsministeriums Nordrhein-Westfalen

Auch dieser Brand wies, wie alle vorhergehenden Brände eine maßgebliche Ersparnis, in diesem Falle von ca. 16,8 % auf, obwohl bis zur Klärung über die Ursachen des unterschiedlichen Abbrandes der Feuer zweifellos sehr viel mehr Kohle verbraucht war als nötig ist und obwohl, wie bereits ausgeführt, immer wieder Störungen im Zulauf der Kohle hatten beseitigt werden müssen, d.h. so daß es noch keineswegs zu einem glatten, gleichmäßigen, störungsfreien Brandverlauf gekommen war. Der genaue Brennstoffaufwand und die kurvenmäßige Verbrauchsaufzeichnung des handgefeuerten im Vergleich zu dem beschickergefeuerten Ofen ließen nunmehr aber eindeutig die Ursachen der Brennstoffersparnis und die Abschnitte erkennen, in denen vornehmlich Kohle erspart werden kann. Die Kurve ließ erkennen, daß bereits in dem Bereich bis ca. 500 Grad beachtliche Ersparnisse gemacht wurden. Diese sind darauf zurückzuführen, daß das beim üblichen Steinzeugbrand vorhandene Übermaß an Luft durch Zusetzen der Feuer abgesperrt war. Diese Ersparnis stellt also gewissermaßen ein Nebenergebnis der Entwicklung dar, da sie gleichermaßen auch bei Handbeschickung durchgeführt werden kann und inzwischen von zahlreichen Werken auch mit Erfolg durchgeführt wird. Ein besonderer Aufwand ist hierzu nicht nötig; es genügt ganz einfach, den Luftzutritt zu dem während dieses Brandes noch kleinen Feuer durch Einschieben von Steinen oder durch Anordnung entsprechender Sperrbleche zu verhindern. Die Ersparnisse in den oberhalb 500 Grad liegenden Bereichen sind auf zwei Gründe zurückzuführen: einmal war im Mittel bis etwa 1000 Grad fast ausschließlich oxydierend gebrannt worden. Das bedeutet: kurze Flamme, hohe Unterschiede zwischen oben und unten im Ofen, entsprechend niedrige Abgastemperaturen. Des weiteren waren zwar gelegentlich Verluste durch einen zu hohen Luftüberschuß zu verzeichnen. Die sehr viel höheren Verluste durch stoßweise Reduktion, wie sie bei der Handbeschickung unvermeidlich ist, waren jedoch durch den Beschickerbetrieb vermieden. Es kann hieraus die Folgerung gezogen werden, und der gute Ausfall der Ware bestätigt es durchaus, daß man auch den Steinzeugofen in dem bis etwa 1000 Grad reichenden Brandteil nach den gleichen Gesichtspunkten feuern sollte, wie dies auch für den Kesselbetrieb üblich ist, d.h. man sollte möglichst exakt oxydierend, eher mit einem geringen Luftüberschuß als mit Luftmangel fahren. Der sich dabei ergebende, zunächst für den Keramiker ungewöhnliche große Temperaturunterschied, sollte erst dann durch Reduktion aufgeholt werden, wenn die

Ware auch unten im Ofen die gefährlichen Temperaturbereiche bis 650 Grad überschritten hat.

Auf diese Weise werden die Forderungen an ein reduzierend gebranntes Steinzeug und die Forderung an eine rationelle Verbrennung in idealer Weise miteinander verbunden. Die Reduktion sollte freilich auch nur soweit getrieben werden, als dies nötig ist, d.h. die heiße Flammenspitze sollte in dem abschließenden reduzierenden Brandteil nur bis eben an die Ofensohle geführt werden. Unter den Umständen der noch nicht voll befriedigenden Betriebsweise, der noch fehlerhaften Apparate, der noch fehlenden Erfahrungen und Übung in der richtigen Einstellung der Apparate war dies bei diesem Brand natürlich noch nicht in vollem Umfang gelungen. Immerhin kam die Flamme im Fuchs erst kurz vor dem Salzen durch, d.h. also viele Stunden später als das beim Brand mit Handbeschicker normalerweise der Fall ist.

Es wurde nunmehr vereinbart, daß die weiteren Versuche bei einer anderen Firma stattfinden sollten, um die Last und das Risiko der Versuche auch anderen Firmen aufzubürden. Der bei dieser Firma ausgeführte erste Brand kann praktisch als Versuchsbrand nicht gewertet werden, da die Versuchsbedienung sich zunächst an den völlig anderen Ofen, ein anderes Brennstoffschema einerseits und da auch die örtliche Bedienung sich ihrerseits wieder an den für sie noch ganz neuartigen Brand mit Beschickern gewöhnen mußten. Auch konnte instrumental bei diesem Brand nicht die Voraussetzung für eine ordnungsmäßige Durchführung des Brandes geschaffen werden. Begreiflicherweise ist bei jeder solcher Neueinführung in einem neuen Betrieb zunächst die Skepsis aller mit dem Versuch in Verbindung stehenden Kräfte zu überwinden. Dieser Brand zeigte nur, daß es mit einer einfachen Schräglegung der Roststäbe nicht getan war. Es schien deshalb angebracht, die Verhältnisse zunächst wieder einmal an Einzelfeuern zu klären. Bei dem ersten so ausgeführten Einzelfeuerbrand ging ein Roststab nach dem anderen zu Bruch, eine Erscheinung, die bei früheren Bränden nicht beobachtet worden und die möglicherweise auf das weniger geeignete Rostmaterial zurückzuführen war.

Es zeigte sich mehr und mehr, daß die erste Garnitur der Versuchsapparate durch die fortlaufend vorgenommenen, meist von Hand ausgeführten Änderungen praktisch nicht mehr zu der geforderten Genauigkeit und Gleichmäßigkeit der Aufgabe zu bringen war. Manche daran vorgesehenen Variationsmöglichkeit, so beispielsweise die Winkelverstellbarkeit der Rinne, hatte sich als unnötig erwiesen. Neue Forderungen, insbesondere der Abdichtung, ließen sich bei dieser Ausführung nicht mehr anbringen. Es erschien deshalb notwendig, die bei den Vorbränden noch offen gebliebenen Mängel und Unklarheiten der Apparate und der Ausbildung der Feuerung an einer ersten Versuchsausführung einer dritten Entwicklungsstufe am Einzelfeuer zu klären. Hierbei sollte gleichzeitig die Forderung verwirklicht werden, daß die Beschicker möglichst so vereinfacht wurden, daß es zu ihrer Montage und Demontage möglichst keines Schlüssels mehr bedurfte, sondern daß die Teile so zusammengeführt werden, wie dies bei den Handwaffen gefordert wird.

Bei allen Bränden hat sich nämlich immer wieder gezeigt, daß die Brenner der ungewohnten Maschine äußerst unbeholfen gegenüberstehen.

Das Ergebnis der hierauf gerichteten Konstruktionsarbeit war die nachstehende, in ihren Hauptmerkmalen beschriebene Ausführung:

1. Abbildung 11 gibt den Querschnitt wieder. Die Austrittsrinne stellt

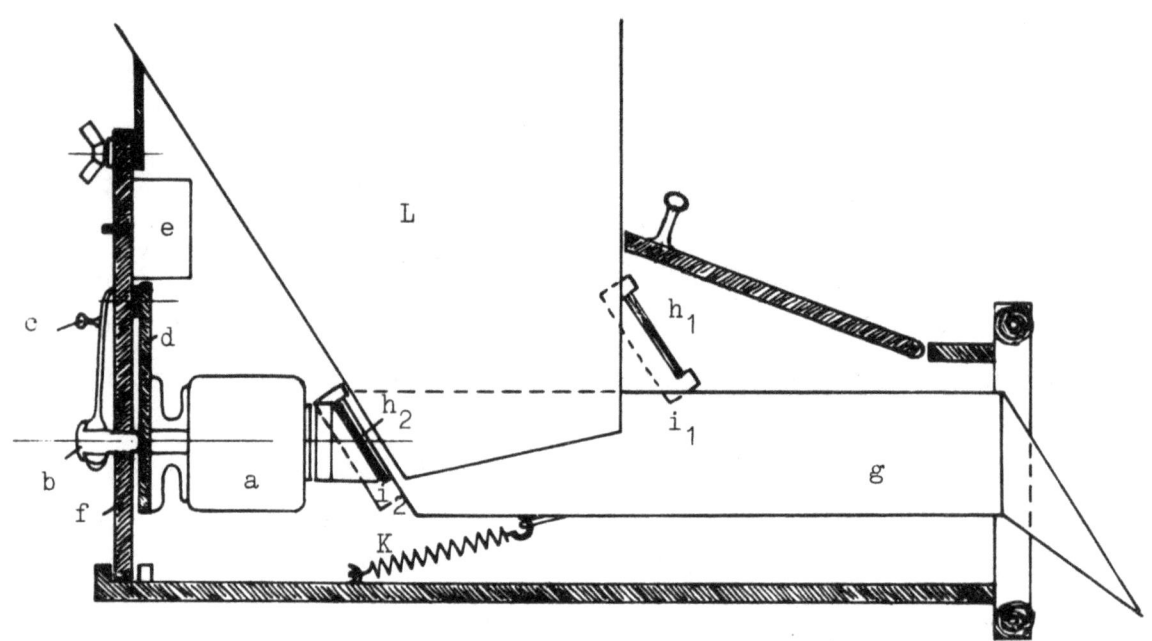

Zeichenerklärung:

a = Magnet
b = Stellschraube
c = Stellhebel
d = Federmagnetträger
d_1 = Magnetanker
e = Druckknopfschalter
f = Rückplatte an der alle elektrischen Teile montiert sind. Als Ganzes mit einer Schraube lösbar
g = Rinne mit Austrittsverteiler
$h_1 + h_2$ = liegende Querfedern
$i_1 + i_2$ = Federlager
K = Gegenfeder
L = Bunker

Abbildung 11

mit den an ihr unmittelbar angebrachten Querfederpaketen ein Ganzes, im übrigen das einzige, an dem ganzen Gerät bewegte Teil, dar. Sie ist nicht mehr, wie an dem ersten Gerät mit Schrauben, sondern durch eine Gegenfeder in ihrer Lage gehalten und kann durch Aushängen der Feder ohne Schlüssel aus dem Gerät herausgenommen und gegebenenfalls durch eine andere ersetzt werden (wobei sich hierzu bei keinem der Versuchsbrände eine Notwendigkeit ergeben hat).

2. Die gesamte Elektrik, die Verbindungssteckdose a, der Magnet b und der Schalter c sind an der Rückwand zu einem Ganzen vereinigt. Die Rückwand (Abb. 12) kann durch Lösen einer einzigen Flügelmutter und durch Scharnierriegel ankippbar von dem Gerät gelöst werden.

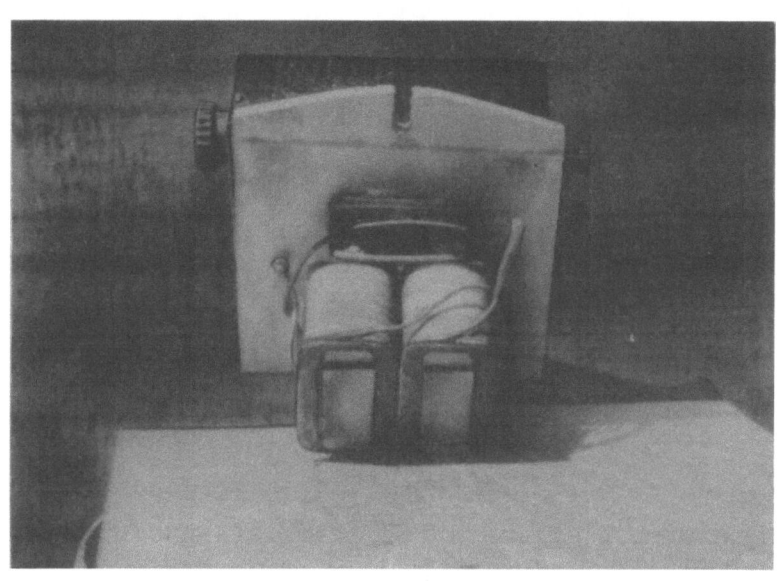

A b b i l d u n g 12

3. Das Problem der Regulierung ist in einfachster Weise durch eine von Hand zu betätigende Druckschraube gelöst, durch die der auf einer Federplatte montierte Magnet näher oder weiter an seinen Anker heranbewegt werden kann (hierdurch ändert sich die magnetische Vibrationsintensität und damit der Austrag der Rinne).

4. Das Ganze ist von einem Kasten umhüllt, der einen dichten Anschluß an die Feuer ermöglicht. Die immer wiederkehrenden Undichtigkeiten der ersten Apparate sind damit überwunden. Zugleich ist die Apparatur geschützt und schließlich dem Ganzen eine höhere Stabilität bei formschöner Ausführung gegeben.

Den ganzen Apparat zeigt Abbildung 13.

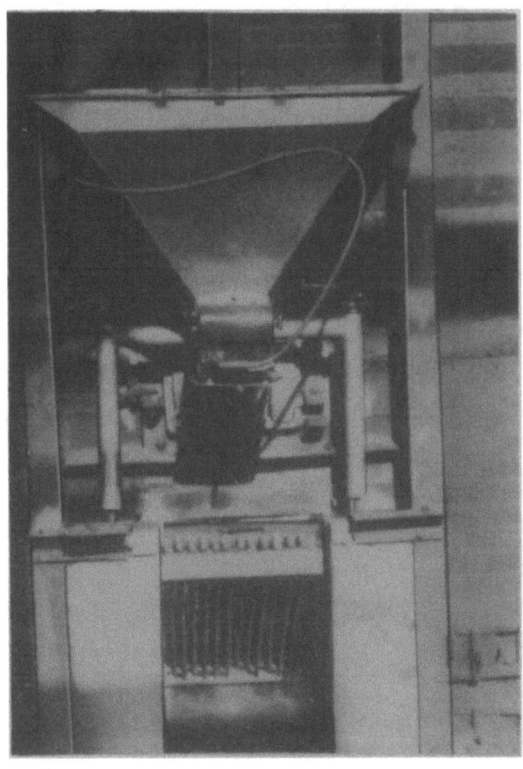

Abbildung 13
Beschicker

Zugleich wurde auch eine Änderung des Rostes vorgenommen. Der Treppenrost mit einem unteren Planrost wurde durch einen schräggestellten Planrost ersetzt, an den sich unten ein rostloser Schlackenraum anschließt (Abb. 14).

Diese Konstruktion wurde gewählt, weil sich gezeigt hatte, daß es bei der Verbrennung des rieselnden Kokses entscheidend auf die gleichmäßige Dicke der Brennstoffschicht ankam. Mit Treppenrosten war dieses durch die schrägen Schüttwinkel auf den Rostplatten und insbesondere auf dem unteren Planrost nicht zu erreichen.

Ein erster mit der neuen Beschickerkonstruktion und der neuen Rostanordnung durchgeführter Versuch zeigte die Richtigkeit der Maßnahmen. Der Beschicker arbeitete so einwandfrei, daß nunmehr außer der gelegentlichen Bebunkerung stundenlang keine Bedienung erforderlich war. Auch die Rostanordnung bewährte sich in jeder Weise. Es war ein hoher Kohlendurchsatz

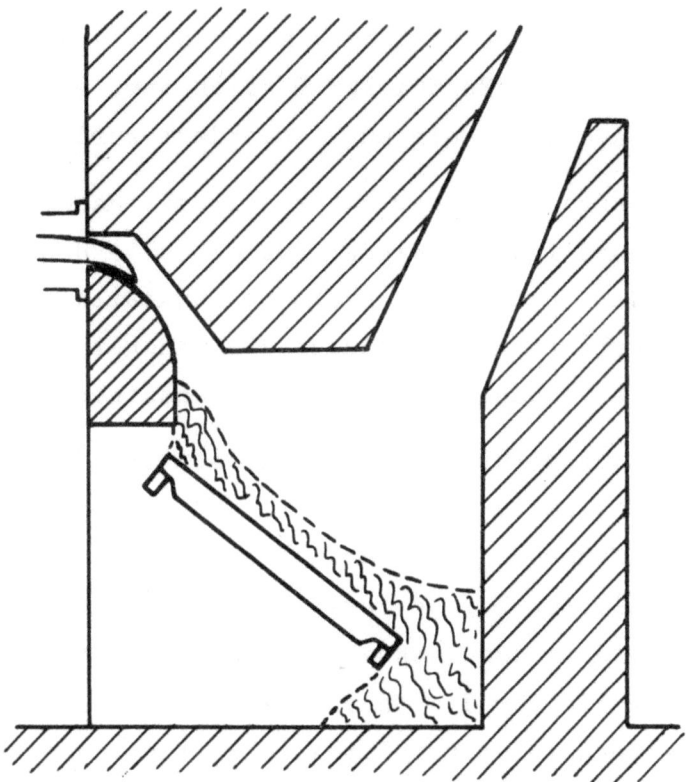

Abbildung 14
Schrägrost mit Brennstoffbett

möglich. Nur die Abschlackung machte eine gewisse Umstellung der Bedienung notwendig.

Hier erfuhr die Entwicklung eine Unterbrechung.

Erst nach einem Jahr entschloß man sich zur Anschaffung einer kompletten Serie von 8 Beschickern der letztgebauten Konstruktion. Mit diesen Beschickern wurde Ende des Jahres 1953 und Anfang 1954 eine Reihe von Brennversuchen durchgeführt. Bei den ersten drei Brennversuchen konnte man sich noch nicht entschließen, die für die notwendig erachteten Änderungen an den Feuerungen im vollen Umfang zu verwirklichen. Auch litten die Versuche wiederholt daran, daß der Ofen nicht über ausreichenden Zug verfügte.

Zwischendurch wurde ein Brand zum Vergleich mit Handbeschickung, jedoch mit veränderten Rosten, durchgeführt. Es zeigte sich, daß man auch mit der Handbeschickung bei sorgfältiger Brandführung erhebliche Ersparnisse erzielen kann, wie dies ja auch schon früher bewiesen war. Es zeigte sich ferner, daß die neue Roständerung durchaus auch für den Handbetrieb tauglich war und daß somit trotz Änderung der Rostkonstruktion wechselweise Betrieb mit oder ohne Beschicker möglich war, wie dies für den Fall, daß der Strom ausfällt, eingangs gefordert wurde.

Es zeigte sich aber auch bei einer Reihe weiterer handbeschickter Brände, daß der Kohlenverbrauch langsam wieder auf die alte Höhe anstieg. Dies beweist, daß neben den theoretisch exakt begründbaren Ersparnismöglichkeiten des Beschickerbetriebes gegenüber dem Handbetrieb maßgebliche Ersparnisse durch die Mechanisierung des Kohlenaufwurfes erreicht werden.

Bei diesen Brennversuchen wurden zusätzlich weitere Verbesserungsmöglichkeiten erprobt: so hatte sich gezeigt, daß die Beschickerregulierung im untersten Kleinstfeuer-Regulierbereich immer noch nicht sauber genug arbeitete, ein Mangel, der bei weiteren Neubauten durch Anwendung einer noch höheren Präzision in der Herstellung der Apparate unschwer beseitigt werden kann. Als Abhilfe für die Dauer der Versuche und gegebenenfalls zur Sicherung allerfeinster Einstellmöglichkeit wurde eine Schaltuhr eingebaut, die eine wahlweise einstellbare periodische Unterbrechung der Kohlenaufgabe ermöglicht. Auch wurden Wege gefunden, die gelegentlich lästig empfundenen Brummgeräusche der Beschicker zu beseitigen. Weiterhin erwies sich die Einschaltung eines Spannungskonstanthalters in den Fällen als notwendig, wo keine genügende Konstanz in der Spannungshöhe gegeben ist. Schließlich erwies es sich als wünschenswert, von der Zentralregulierung abzusehen und jede Ofenseite für sich zu regulieren, da die eine Feuerseite durch Zustrom frischerer Luft meist besser brennt, als die andere.

Nachdem somit alle Voraussetzungen für einen ordnungsmäßig durchzuführenden Brand gegeben schienen, wurde wieder unter Hinzuziehung der Wärmestelle des D.K.V. (heute der sogn. "Georg" - Dr. KALLIPKE) ein Versuchsbrand mit Brennstoffverbrauchskontrolle eingesetzt.

Der Versuchsofen war insofern eigenartig, als er je 4 Feuerungen an den Stirnseiten der Kammer aufwies, deren langgestrecktes Gewölbe in Richtung der Feuerungen verlief. Leider ließ dieser Ofen keine vollständige Instrumentierung zu, so daß in der gefährdeten Mitte des Ofens nur ein Thermoelement in der Spitze des Gewölbes unterzubringen war. Weitere Thermoelemente ließen sich nur an der in einer Ecke des Ofens angeordneten Ofentür und im Fuchs unterbringen.

Forschungsberichte des Wirtschafts- und Verkehrsministeriums Nordrhein-Westfalen

Öfen solcher Bauart sind für derartige Versuche, zumal mit so schwacher Instrumentierung, wenig geeignet, da der Feuerstrom je nach Ein- und Abströmgeschwindigkeit zwischen den weit auseinander liegenden Feuerungen unkontrolliert vagabundieren kann. Dennoch sollte der Versuch gemacht werden, kürzer als bei der Handbeschickung üblich zu brennen, da hierin naturgemäß zusätzliche Ersparnismöglichkeiten durch Verkürzung der Verlustzeiten liegen. Die Möglichkeit einer Verkürzung ist im Beschicker dadurch gegeben, da bei dem Beschickerbrand ein gleichmäßiger Feuerstrom anstelle ständig wechselnder Strömungsgeschwindigkeiten und Flammenlängen beim Handbetrieb gegeben ist.

Aus den Bränden im Kohle- und von Hand befeuerten -Kammerringofen ist bekannt, daß eine Brennzeit von ca. 50 Stunden eingehalten werden kann. Von Hand wurde der Versuchsofen bisher zwischen 95 und 105 Stunden gebrannt. Als Brennzeit für den letzten Versuchsbrand wurde mit Rücksicht auf die Eigenarten des Ofens und die noch bestehende Unsicherheit (infolge mangelnder Übung) eine Brennzeit von 80 Stunden festgelegt. Praktisch ergab sich durch Abweichungen von der vorgeschriebenen Brennkurve eine Brennzeit von 76 Stunden.

Über den Verlauf des Brandes ist unter Hinweis auf die nachfolgende Brennkurve folgendes zu sagen:

Maßgebend für die Steigerung sollte die Sollkurve sein. Dem Anzeiger der beiden Thermoelemente der "GEORG" wurde zunächst keine Beachtung geschenkt. Da ein drittes Thermoelement sehr bald ausfiel und auch das Monogerät nicht zur Anzeige zu bringen war, wurde vermutet, daß diese Mangel an Vorbereitungszeit überstürzte und nur behelfsmäßig eingebauten Elemente zu Fehlanzeigen führen würden. Später wurde man sich darüber klar, daß die Fehlanzeigen immer nur geringere Werte und nie zu hohe ergeben können, und daß also die Anzeige dieser Elemente durchaus beachtenswert war. Die auf dem Conzenschreiber festgestellte Abweichung von der vorgeschriebenen Brennkurve erschien noch tragbar. Die der beiden "GEORG"-Elemente angezeigte Steigerung erschien jedoch als viel zu stark und für die Ware gefährlich, so daß die Beschicker sofort auf eine geringere Steigerung der Temperatur umgestellt wurden, wie dies an dem Knickpunkt der Kurve zu erkennen ist.

Wie sich beim Aussetzen des Ofens zeigte, wurden in der Mitte des Ofens einige eindeutig auf zu schnelle Temperatursteigung im Bereich von 400

Forschungsberichte des Wirtschafts- und Verkehrsministeriums Nordrhein Westfalen

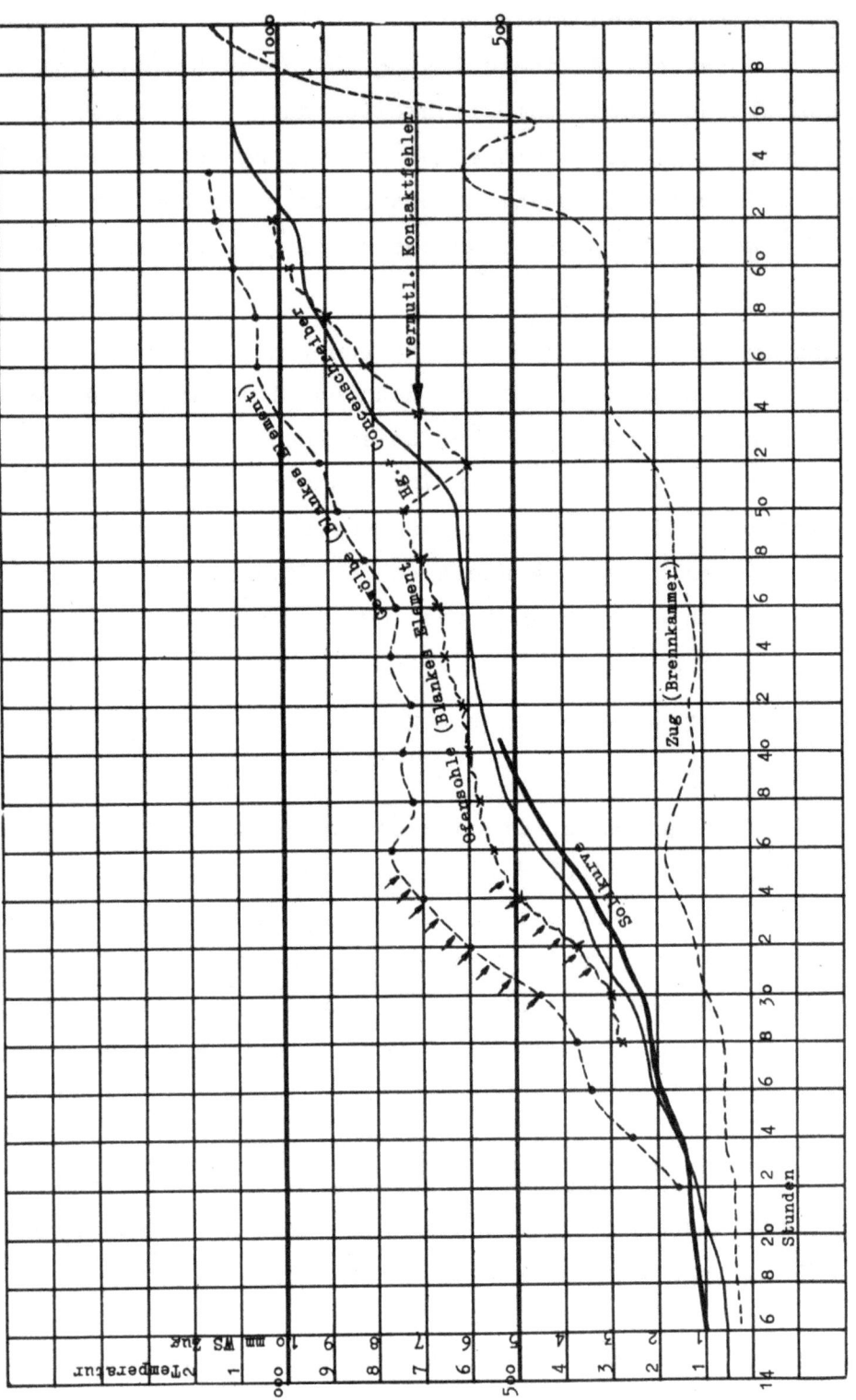

Abbildung 15
Temperatur + Zugkurven Beschickerbrand 22.-25.4.1954

zu 700 Grad zurückzuführende Schäden an der Ware festgestellt. Die Bremsung der Temperatursteigerung war also zu spät erfolgt.

Der an diese Periode anschließende Hochfeuerbereich zeigt die in diesem Bereich gewünschte und in dieser Form nur mit den Beschickern herbeizuführende Temperatursteigerung. Die Ober- und Untertemperaturkurven zeigen einen für den Beschickerbetrieb verhältnismäßig geringen Temperaturunterschied (vergl. Ausführung auf Seite 20/21). Dieser ist im vorliegenden Fall darauf zurückzuführen, daß die Abdichtung der Beschicker nunmehr so gut war, daß fast ständig mehr oder weniger stark reduziert wurde. Dies konnte auch aus dem verhältnismäßig starken Rauchausstoß am Schornstein geschlossen werden. Es wäre dies natürlich ohne weiteres zu vermeiden gewesen, wenn schon einige Erfahrung mit dichten Beschickern vorgelegen hätte und wenn der Ofen mehr Zug gehabt hätte. Es ist hieraus zu erkennen, daß im Beschickerbetrieb nur mit derjenigen Brennstoffschichthöhe gefahren werden darf, wie sie sich aus den gegebenen Zugverhältnissen und aus den Forderungen des oxydierenden Brandes ergibt.

Es versteht sich von selbst, daß bei diesem reduzierenden Brande noch nicht optimale Verbrauchsverhältnisse erreicht wurden.

Kurz vor dem Ausbrand stieg der Zug plötzlich stark an, offenbar weil die Sohle nunmehr von anhaftendem Ruß freigebrannt war. Hierbei erhitzte sich die Aufhängung des zweiten Fuchsschiebers derart, daß sie nachgab und den Schieber fallen ließ. Da der Ofen schon im Hochfeuer stand und nun von jedem Schornsteinzug abgeschlossen war und da der Ofen selbst nun als umgekehrter Schornstein wirkte, brannte der Ofen aus allen Feuerungen stark heraus. Aus allen Ritzen des Beschickers kamen Gasflammen. Auch brannte die Kohle in allen Bunkern. Wenn auch die Beseitigung dieser Störung in etwa 12 - 15 Minuten durchgeführt war, so mußte doch befürchtet werden, daß insbesondere die elektrische Anlage der Beschicker zerstört sein würde. Bei Wiedereinschalten des Stromes arbeiteten aber sämtliche Beschicker in altgewohnter Weise weiter. Die Beschicker haben sich also auch dieser nur selten vorkommenden, aber immer einmal möglichen Beanspruchung als voll gewachsen gezeigt. Hierbei ist noch besonders zu berücksichtigen, daß die Beschicker an einer Seite schon ohnehin einer starken Wärmestrahlung durch einen wenige Tage vorher ausgebrannten, nur in geringem Abstand von dem Versuchsofen stehenden Nachbarofen dauernd ausgesetzt waren. Hier dürfte die Konstruktion im wahrsten Sinne des Wortes ihre Feuerprobe bestanden haben.

Es ist verständlich, daß dieser Brand noch keineswegs die optimale Brennstoffersparnis geben konnte. Dazu wurde zu lange reduzierend und mit zu geringem Temperaturgefälle gefeuert. Folglich waren auch die Abgasverluste lange Zeit zu hoch. Es wurde zwar die Temperatur bis zum Rotfeuer zu schnell, dann aber zu langsam gefeuert. Insgesamt bedeutet dies einen höheren Brennstoffverbrauch. Auch der Fall des Schiebers brachte insofern anormale Verluste, als die Gesamtofentemperatur hierdurch erheblich zurückging und wieder hochgefeuert werden mußte.

Trotz allem ergab sich ein Kohlenverbrauch von nur 29 % gegenüber normal 45 % und damit ca. eine 30 %ige Kohlenersparnis.

Man wird aus diesem Ergebnis schließen dürfen, daß unter günstigen Verhältnissen mit guter Bedienung der Brennstoffverbrauch im Beschickerbetrieb im Bereich von 25 % liegen wird.

Man wird auch annehmen können, daß bei nicht ingenieurmäßig kontrollierter Brandführung ein diesem Ergebnis nahe liegendes Dauerergebnis erreicht werden kann, da die Brenner ihr Augenmerk nur noch auf die richtige Einstellung der Apparate zu richten haben. Während bei der Handbeschickung Verluste häufig dadurch eintreten, daß die Feuer nicht rechtzeitig und dann oft zu hoch beschickt, nicht rechtzeitig aufgebrochen und abgeschlackt werden.

Neben der Ermittlung der für jeden Brennabschnitt günstigen Einstellung wird man durch entsprechende Akkord- oder Prämiengestaltung entsprechende Anreize zu geben haben.

Bei diesen neuen Beschickern wurde übrigens der bei der ersten Serie vorgesehene Betrieb durch Gleichrichter aufgegeben, da die hierdurch erreichbare Mehrlieferung der Vibratoren praktisch nicht benötigt wird. Hierdurch kommt der anfällige und teure Gleichrichter in Wegfall.

Eine ursprünglich in Aussicht genommene automatische Regelung konnte bisher nicht verwirklicht werden. Dies hatte eine absolut sichere Funktion der Beschicker zur Voraussetzung, die erst in der letzten Konstruktion gegeben war. Wenngleich dies eine Verteuerung bedeutet, so dürfte sie sich doch rentieren. Durch die in der Zwischenzeit am Ringofen eingeführte und bewährte automatisch geregelte Brennstoffaufgabe ist die Durchführbarkeit praktisch erwiesen, wenngleich auch beim Beschickerbrand anstelle der einfachen Aus/Ein-Regelung ein Programmregler anzuordnen wäre. Diese Geräte haben inzwischen eine sehr hohe Betriebssicherheit erreicht. Der Programmregler würde die wesentlichen Funktionen, die jetzt noch dem Brenner in der richtigen Einstellung der Apparate überlassen bleiben müssen, übernehmen und somit die regelmäßige Einhaltung eines sehr kurzen Brennprogramms frei von menschlichen Unzulänglichkeiten sicherstellen.

A b b i l d u n g 16
Gesamtanlage

Forschungsberichte des Wirtschafts- und Verkehrsministeriums Nordrhein-Westfalen

Zusammenfassung

Es wurde ein Beschicker für die Aufgabe fester Brennstoffe in seitlich gefeuerten keramischen Brennöfen auf der Basis magnetischer Vibrationen entwickelt.

Die Entwicklung erfolgte in drei Hauptentwicklungsstufen:

Ursprünglich sollte durch die Beschicker nur der Vorgang der in Zeitabständen von Hand aufgegebene Kohle mechanisiert und kontinuierlich gestaltet werden. Im Laufe der Entwicklung wurde eine entsprechende Umgestaltung der Feuerungen notwendig.

Die so umgestalteten Feuer erwiesen sich auch für die Handbeschickung brauchbar. Es kann somit jederzeit von Hand auf Maschinenbeschickung und umgekehrt übergegangen werden. Hierdurch wird der Brand unempfindlich gegen Stromunterbrechungen.

Zugleich konnten die Beschicker von Ofen zu Ofen versetzbar gestaltet werden. Auf diese Weise ergibt sich die Möglichkeit, ihren Einsatz auf denjenigen Brennabschnitt zu beschränken, in dem die höchsten Brennstoffersparnisse erzielt werden. Eine Beschickeranlage kann auf diese Weise im ununterbrochenen Einsatz eine ganze Ofengruppe versorgen.

Der Beschicker selbst gewann im Laufe von drei Entwicklungsstufen eine sehr einfache, dem harten und schmutzigen Brennbetrieb gewachsene und der Hand des in der Bedienung von Maschinen ungeübten Brenners gemäße Form.

Die Geräte erwiesen sich auch unempfindlich gegenüber der Strahlungshitze des Ofens und gegen Störungen des Brandes (Herausbrennen infolge fehlenden Zuges). Auch zeigte sich im Verlauf der Versuchsbrände kein besonderem Verschleiß ausgesetztes Teil. Beim Einsatz der Beschicker wird die Hitzearbeit vermindert.

Mit dem angewandten Prinzip der kontinuierlichen Einrieselung des Brennstoffs von oben konnten eine hohe Brennstoffausbeute sowie höchste Verbrennungstemperaturen erreicht werden. Es ergaben sich neue Erkenntnisse über das Verhalten backender Kohle bei breitgestreuter Einrieselbeschickung und ein neues Brennschema.

Bis zur Überschreitung der kritischen Rotfeuerzone im unteren Bereich des Ofens wird abweichend von der bisherigen Brennweite zweckmäßigerweise mit hohem Temperaturunterschied rein oxydierend und erst dann reduzierend den unteren Teil des Ofens mit langer Flamme herausholend gefahren.

Wenngleich diese Brennweise mangels Übung noch nicht immer über den ganzen Brandverlauf sichergestellt werden konnte, so ergaben sich doch stets Brennstoffersparnisse mit 15 % und 20 % beginnend bis zu 30 % Ersparnis beim letzten Brand gegenüber der Handbeschickung. Damit ist das gesteckte Ziel einer Mindestersparnis von 15 % erheblich überschritten. Es sind jedoch noch weitere Ersparnisse zu erwarten, sobald die für jeden Brennabschnitt bestgeeignete Einstellung der Apparate ermittelt ist.

Darüber hinaus sind auch weitere Entwicklungsmöglichkeiten in der Richtung des mechanisch-programmgeregelten und damit vom Wollen und Können der Brenner gelösten Brandes möglich.

Die Versuchsbrände zeigten, daß auch mit festen Brennstoffen, kontinuierlich aufgegeben, ein gasfeuerähnlicher, in der Zusammensetzung feinregulierbarer Feuerstrom auch in keramischen Brennöfen zu erreichen ist.

Der Einbau von Beschickern erfordert einen nur geringen Investitionsaufwand, die durch die hohe Brennstofferspranis eine kurzfristige Amortisation gestatten.

Auch alte Einkammeröfen, wie sie für das Brennen unregelmäßiger und großer Waren, sowie zum Ausgleich schwankenden Absatzes stets benötigt werden, können hiermit auf den neuesten Stand gebracht werden.

Die Entwicklung mußte in Ermanglung eines besonderen Versuchsofens an regulären Brennöfen und zur Verteilung des Risikos und der Bürde der Versuche in drei Firmen an 6 Öfen durchgeführt werden. Hierdurch wurde die Entwicklung zwar erschwert und verzögert, dafür aber andererseits eine Ausführung erreicht, die in allen Teilen den Bedürfnissen des praktischen Brennbetriebes Rechnung trägt.

FORSCHUNGSBERICHTE
DES WIRTSCHAFTS- UND VERKEHRSMINISTERIUMS
NORDRHEIN-WESTFALEN

Herausgegeben von Staatssekretär Prof. Leo Brandt

Heft 1:
Prof. Dr.-Ing. Eugen Flegler, Aachen
Untersuchungen oxydischer Ferromagnet-Werkstoffe

Heft 2:
Prof. Dr. phil. Walter Fuchs, Aachen
Untersuchungen über absatzfreie Teeröle

Heft 3:
Techn.-Wissenschaftl. Büro für die Bastfaserindustrie, Bielefeld
Untersuchungsarbeiten zur Verbesserung des Leinenwebstuhls

Heft 4:
Prof. Dr. E. A. Müller u. Dipl.-Ing. H. Spitzer, Dortmund
Untersuchungen über die Hitzebelastung in Hüttenbetrieben

Heft 5:
Dipl.-Ing. Werner Fister, Aachen
Prüfstand der Turbinenuntersuchungen

Heft 6:
Prof. Dr. phil. Walter Fuchs, Aachen
Untersuchungen über die Zusammensetzung und Verwendbarkeit von Schwelteerfraktionen

Heft 7:
Prof. Dr. phil. Walter Fuchs, Aachen
Untersuchungen über emsländisches Petrolatum

Heft 8:
Maria Elisabeth Meffert und Heinz Stratmann, Essen
Algen-Großkulturen im Sommer 1951

Heft 9:
Techn.-Wissenschaftl. Büro für die Bastfaserindustrie, Bielefeld
Untersuchungen über die zweckmäßige Wicklungsart von Leinengarnkreuzspulen unter Berücksichtigung der Anwendung hoher Geschwindigkeiten des Garnes
Vorversuche für Zetteln und Schären von Leinengarnen auf Hochleistungsmaschinen

Heft 10:
Prof. Dr. Wilhelm Vogel, Köln
„Das Streifenpaar" als neues System zur mechanischen Vergrößerung kleiner Verschiebungen und seine technischen Anwendungsmöglichkeiten

Heft 11:
Laboratorium für Werkzeugmaschinen und Betriebslehre, Technische Hochschule Aachen
1. Untersuchungen über Metallbearbeitung im Fräsvorgang mit Hartmetallwerkzeugen und negativem Spanwinkel
2. Weiterentwicklung des Schleifverfahrens für die Herstellung von Präzisionswerkstücken unter Vermeidung hoher Temperaturen
3. Untersuchung von Oberflächenveredlungsverfahren zur Steigerung der Belastbarkeit hochbeanspruchter Bauteile

Heft 12:
Elektrowärme-Institut, Langenberg (Rhld.)
Induktive Erwärmung mit Netzfrequenz

Heft 13:
Techn.-Wissenschaftl. Büro für die Bastfaserindustrie, Bielefeld
Das Naßspinnen von Bastfasergarnen mit chemischen Zusätzen zum Spinnbad

Heft 14:
Forschungsstelle für Acetylen, Dortmund
Untersuchungen über Aceton als Lösungsmittel für Acetylen

Heft 15:
Wäschereiforschung Krefeld
Trocknen von Wäschestoffen

Heft 16:
Max-Planck-Institut für Kohlenforschung, Mülheim a. d. Ruhr
Arbeiten des MPI für Kohlenforschung

Heft 17:
Ingenieurbüro Herbert Stein, M. Gladbach
Untersuchung der Verzugsvorgänge in den Streckwerken verschiedener Spinnereimaschinen. 1. Bericht: Vergleichende Prüfung mit verschiedenen Dickenmeßgeräten

Heft 18:
Wäschereiforschung Krefeld
Grundlagen zur Erfassung der chemischen Schädigung beim Waschen

Heft 19:
Techn.-Wissenschaftl. Büro für die Bastfaserindustrie, Bielefeld
Die Auswirkung des Schlichtens von Leinengarnketten auf den Verarbeitungswirkungsgrad, sowie die Festigkeits- und Dehnungsverhältnisse der Garne und Gewebe

Heft 20:
Techn.-Wissenschaftl. Büro für die Bastfaserindustrie, Bielefeld
Trocknung von Leinengarnen I
Vorgang und Einwirkung auf die Garnqualität

Heft 21:
Techn.-Wissenschaftl. Büro für die Bastfaserindustrie, Bielefeld
Trocknung von Leinengarnen II
Spulenanordnung und Luftführung beim Trocknen von Kreuzspulen

Heft 22:
Techn.-Wissenschaftl. Büro für die Bastfaserindustrie, Bielefeld
Die Reparaturanfälligkeit von Webstühlen

Heft 23:
Institut für Starkstromtechnik, Aachen
Rechnerische und experimentelle Untersuchungen zur Kenntnis der Metadyne als Umformer von konstanter Spannung auf konstanten Strom

Heft 24:
Institut für Starkstromtechnik, Aachen
Vergleich verschiedener Generator-Metadyne-Schaltungen in bezug auf statisches Verhalten

Heft 25:
Gesellschaft für Kohlentechnik mbH., Dortmund-Eving
Struktur der Steinkohlen und Steinkohlen-Kokse

Heft 26:
Techn.-Wissenschaftl. Büro für die Bastfaserindustrie, Bielefeld
Vergleichende Untersuchungen zweier neuzeitlicher Ungleichmäßigkeitsprüfer für Bänder und Garne hinsichtlich Ihrer Eignung für die Bastfaserspinnerei

Heft 27:
Prof. Dr. E. Schratz, Münster
Untersuchungen zur Rentabilität des Arzneipflanzenanbaues
Römische Kamille, Anthemis nobilis L.

Heft: 28:
Prof. Dr. E. Schratz, Münster
Calendula officinalis L.
Studien zur Ernährung, Blütenfüllung und Rentabilität der Drogengewinnung

Heft 29:
Techn.-Wissenschaftl. Büro für die Bastfaserindustrie, Bielefeld
Die Ausnützung der Leinengarne in Geweben

Heft 30:
Gesellschaft für Kohlentechnik mbH., Dortmund-Eving
Kombinierte Entaschung und Verschwelung von Steinkohle; Aufarbeitung von Steinkohlenschlämmen zu verkokbarer oder verschwelbarer Kohle

Heft 31:
Dipl.-Ing. Störmann, Essen
Messung des Leistungsbedarfs von Doppelsteg-Kettenförderern

Heft 32:
Techn.-Wissenschaftl. Büro für die Bastfaserindustrie, Bielefeld
Der Einfluß der Natriumchloridbleiche auf Qualität und Verwebbarkeit von Leinengarnen und die Eigenschaften der Leinengewebe unter besonderer Berücksichtigung des Einsatzes von Schützen- und Spulenwechselautomaten in der Leinenweberei

Heft 33:
Kohlenstoffbiologische Forschungsstation e. V.
Eine Methode zur Bestimmung von Schwefeldioxyd und Schwefelwasserstoff in Rauchgasen und in der Atmosphäre

Heft 34:
Textilforschungsanstalt Krefeld
Quellungs- und Entquellungsvorgänge bei Faserstoffen

Heft 35:
Professor Dr. Wilhelm Kast, Krefeld
Feinstrukturuntersuchungen an künstlichen Zellulosefasern verschiedener Herstellungsverfahren

Heft 36:
Forschungsinstitut der feuerfesten Industrie, Bonn
Untersuchungen über die Trocknung von Rohton.
Untersuchungen über die chemische Reinigung von Silika- und Schamotte-Rohstoffen mit chlorhaltigen Gasen

Heft 37:
Forschungsinstitut der feuerfesten Industrie, Bonn
Untersuchungen über den Einfluß der Probenvorbereitung auf die Kaltdruckfestigkeit feuerfester Steine

Heft 38:
Forschungsstelle für Acetylen, Dortmund
Untersuchungen über die Trocknung von Acetylen zur Herstellung von Dissousgas

Heft 39:
Forschungsgesellschaft Blechverarbeitung e. V., Düsseldorf
Untersuchungen an prägegemusterten und vorgelochten Blechen

Heft 40:
Landesgeologe Dr.-Ing. W. Wolff, Amt für Bodenforschung, Krefeld
Untersuchungen über die Anwendbarkeit geophysikalischer Verfahren zur Untersuchung von Spateisengängen im Siegerland

Heft 41:
Techn.-Wissenschaftl. Büro für die Bastfaserindustrie, Bielefeld
Untersuchungsarbeiten zur Verbesserung des Leinenwebstuhles II

Heft 42:
Professor Dr. Burckhardt Helferich, Bonn
Untersuchungen über Wirkstoffe — Fermente — in der Kartoffel und die Möglichkeit ihrer Verwendung

Heft 43:
Forschungsgesellschaft Blechverarbeitung e. V., Düsseldorf
Forschungsergebnisse über das Beizen von Blechen

Heft 44:
Arbeitsgemeinschaft für praktische Dehnungsmessung, Düsseldorf
Eigenschaften und Anwendungen von Dehnungsmeßstreifen

Heft 45:
Losenhausenwerk Düsseldorfer Maschinenbau AG., Düsseldorf
Untersuchungen von störenden Einflüssen auf die Lastgrenzenanzeige von Dauerschwingprüfmaschinen

Heft 46:
Professor Dr. phil. W. Fuchs, Aachen
Untersuchungen über die Aufbereitung von Wasser für die Dampferzeugung in Benson-Kesseln

Heft 47:
Prof. Dr.-Ing. habil. Karl Krekeler, Aachen
Versuche über die Anwendung der induktiven Erwärmung zum Sintern von hochschmelzenden Metallen sowie zur Anlegierung und Vergütung von aufgespritzten Metallschichten mit dem Grundwerkstoff.

Heft 48:
Max-Planck-Institut für Eisenforschung, Düsseldorf
Spektrochemische Analyse der Gefügebestandteile in Stählen nach ihrer Isolierung

Heft 49:
Max-Planck-Institut für Eisenforschung, Düsseldorf
Untersuchungen über Ablauf der Desoxydation und die Bildung von Einschlüssen in Stählen

Heft 50:
Max-Planck-Institut für Eisenforschung, Düsseldorf
Flammenspektralanalytische Untersuchung der Ferritzusammensetzung in Stählen

Heft 51:
Verein zur Förderung von Forschungs- und Entwicklungsarbeiten in der Werkzeugindustrie e. V., Remscheid
Untersuchungen an Kreissägeblättern für Holz, Fehler- und Spannungsprüfverfahren

Heft 52:
Forschungsstelle für Azetylen, Dortmund
Untersuchungen über den Umsatz bei der explosiblen Zersetzung von Azetylen
  a) Zersetzung von gasförmigem Azetylen,
  b) Zersetzung von an Silikagel adsorbiertem Azetylen

Heft 53:
Professor Dr.-Ing. H. Opitz, Aachen
Reibwert- und Verschleißmessungen an Kunststoffgleitführungen für Werkzeugmaschinen

Heft 54:
Professor Dr.-Ing. habil. F. A. F. Schmidt, Aachen
Schaffung von Grundlagen für die Erhöhung der spez. Leistung und Herabsetzung des spez. Brennstoffverbrauches bei Ottomotoren mit Teilbericht über Arbeiten an einem neuen Einspritzverfahren

Heft 55:
Forschungsgesellschaft Blechverarbeitung, Düsseldorf
Chemisches Glänzen von Messing und Neusilber

Heft 56:
Forschungsgesellschaft Blechverarbeitung, Düsseldorf
Untersuchungen über einige Probleme der Behandlung von Blechoberflächen

Heft 57:
Prof. Dr.-Ing. habil. F. A. F. Schmidt, Aachen
Untersuchungen zur Erforschung des Einflusses des chemischen Aufbaues des Kraftstoffes auf sein Verhalten im Motor und in Brennkammern von Gasturbinen.

Heft 58:
Gesellschaft für Kohlentechnik m. b. H., Dortmund
Herstellung und Untersuchung von Steinkohlenschwelteer.

Heft 59:
Forschungsinstitut der Feuerfest-Industrie, Bonn
Ein Schnellanalysenverfahren zur Bestimmung von Aluminiumoxyd, Eisenoxyd und Titanoxyd in feuerfestem Material mittels organischer Farbreagenzien auf photometrischem Wege
Untersuchungen des Alkali-Gehaltes feuerfester Stoffe mit dem Flammenphotometer nach Riehm-Lange

Heft 60:
Forschungsgesellschaft Blechverarbeitung e. V., Düsseldorf
Untersuchungen über das Spritzlackieren im elektrostatischen Hochspannungsfeld

Heft 61:
Verein zur Förderung von Forschungs- und Entwicklungsarbeiten in der Werkzeugindustrie e. V., Remscheid
Schwingungs- und Arbeitsverhalten von Kreissägeblättern für Holz

Heft 62:
Professor Dr. W. Franz, Institut für theoretische Physik der Universität Münster
Berechnung des elektrischen Durchschlags durch feste und flüssige Isolatoren

Heft 63:
Textilforschungsanstalt Krefeld
Neue Methoden zur Untersuchung der Wirkungsweise von Textilhilfsmitteln
Untersuchungen über Schlichtungs- und Entschlichtungsvorgänge

Heft 64:
Textilforschungsanstalt Krefeld
Die Kettenlängenverteilung von hochpolymeren Faserstoffen
Über die fraktionierte Fällung von Polyamiden

Heft 65:
Fachverband Schneidwarenindustrie, Solingen
Untersuchungen über das elektrolytische Polieren von Tafelmesserklingen aus rostfreiem Stahl

Heft 66:
Dr.-Ing. Peter Füsgen VDI †, Düsseldorf
Untersuchungen über das Auftreten des Ratterns bei selbsthemmenden Schneckengetrieben und seine Verhütung

Heft 67:
Heinrich Wösthoff o. H. G., Apparatebau, Bochum
Entwicklung einer chemisch-physikalischen Apparatur zur Bestimmung kleinster Kohlenoxyd-Konzentrationen

Heft 68:
Kohlenstoffbiologische Forschungsstation e. V., Essen
Algengroßkulturen im Sommer 1952
II. Über die unsterile Großkultur von Scenedesmus obliquus

Heft 69:
Wäschereiforschung Krefeld
Bestimmung des Faserabbaues bei Leinen unter besonderer Berücksichtigung der Leinengarnbleiche

Heft 70:
Wäschereiforschung Krefeld
Trocknen von Wäschestoffen

Heft 71:
Prof. Dr.-Ing. K. Leist, Aachen
Kleingasturbinen, insbesondere zum Fahrzeugantrieb

Heft 72:
Prof. Dr.-Ing. K. Leist, Aachen
Beitrag zur Untersuchung von stehenden geraden Turbinengittern mit Hilfe von Druckverteilungsmessungen

Heft 73:
Prof. Dr.-Ing. K. Leist, Aachen
Spannungsoptische Untersuchungen von Turbinenschaufelfüßen

Heft 74:
Max-Planck-Institut für Eisenforschung, Düsseldorf
Versuche zur Klärung des Umwandlungsverhaltens eines sonderkarbidbildenden Chromstahls

Heft 75:
Max-Planck-Institut für Eisenforschung, Düsseldorf
Zeit-Temperatur-Umwandlungs-Schaubilder als Grundlage der Wärmebehandlung der Stähle

Heft 76:
Max-Planck-Institut für Arbeitsphysiologie, Dortmund
Arbeitstechnische und arbeitsphysiologische Rationalisierung von Mauersteinen

Heft 77:
Meteor Apparatebau Paul Schmeck G. m. b. H., Siegen
Entwicklung von Leuchtstoffröhren hoher Leistung

Heft 78:
Forschungsstelle für Acetylen, Dortmund
Über die Zustandsgleichung des gasförmigen Acetylens und das Gleichgewicht Acetylen—Aceton

Heft 79:
Techn.-Wissenschaftl. Büro für die Bastfaserindustrie, Bielefeld
Trocknung von Leinengarnen III
Spinnspulen- und Spinnkopstrocknung
Vorgang und Einwirkung auf die Garnqualität

Heft 80:
Techn.-Wissenschaftl. Büro für die Bastfaserindustrie, Bielefeld
Die Verarbeitung von Leinengarn auf Webstühlen mit und ohne Oberbau

Heft 81:
Prüf- und Forschungsinstitut für Ziegeleierzeugnisse, Essen-Kray
Die Einführung des großformatigen Einheits-Gitterziegels im Lande Nordrhein-Westfalen

Heft 82:
Vereinigte Aluminium-Werke AG., Bonn
Forschungsarbeiten auf dem Gebiet der Veredelung von Aluminium-Oberflächen

Heft 83:
Prof. Dr. S. Strugger, Münster
Über die Struktur der Proplastiden

Heft 84:
Dr. med. habil., Dr. phil. H. Baron, Düsseldorf
Über Standardisierung von Wundtextilien

Heft 85:
Textilforschungsanstalt Krefeld
Physikalische Untersuchungen an Fasern, Fäden, Garnen und Geweben:
Untersuchungen am Knickscheuergerät nach Weltzien

Heft 86:
Professor Dr.-Ing. H. Opitz, Aachen
Untersuchungen über das Fräsen von Baustahl sowie über den Einfluß des Gefüges auf die Zerspanbarkeit

Heft 87:
Gemeinschaftsausschuß Verzinken, Düsseldorf
Untersuchungen über Güte von Verzinkungen

Heft 88:
Gesellschaft für Kohlentechnik mbH., Dortmund-Eving
Oxydation von Steinkohle mit Salpetersäure

Heft 89:
Verein Deutscher Ingenieure, Gleitlagerforschung, Düsseldorf und Prof. Dr.-Ing. G. Vogelpohl, Göttingen
Versuche mit Preßstoff-Lagern für Walzwerke

Heft 90:
Forschungs-Institut der Feuerfest-Industrie, Bonn
Das Verhalten von Silikasteinen im Siemens-Martin-Ofengewölbe

Heft 91:
Forschungs-Institut der Feuerfest-Industrie, Bonn
Untersuchungen des Zusammenhangs zwischen Leistung und Kohlenverbrauch von Kammeröfen zum Brennen von feuerfesten Materialien

Heft 92:
Techn.-Wissenschaftl. Büro für die Bastfaserindustrie, Bielefeld und Laboratorium für textile Meßtechnik, M.-Gladbach
Messungen von Vorgängen am Webstuhl

Heft 93:
Prof. Dr. W. Kast, Krefeld
Spinnversuche zur Strukturerfassung künstlicher Zellulosefasern

Heft 94:
Prof. Dr. phil. habil. G. Winter, Bonn
Die Heilpflanzen des MATTHIOLUS (1611) gegen Infektionen der Harnwege und Verunreinigung der Wunden bzw. zur Förderung der Wundheilung im Lichte der Antibiotikaforschung

Heft 95:
Prof. Dr. phil. habil. G. Winter, Bonn
Untersuchungen über die flüchtigen Antibiotika aus der Kapuziner- (Tropaeolum maius) und Gartenkresse (Lepidium sativum) und ihr Verhalten im menschlichen Körper bei Aufnahme von Kapuziner- bzw. Gartenkressensalat per os

Heft 96:
Dr.-Ing. P. Koch, Dortmund
Austritt von Exoelektronen aus Metalloberflächen unter Berücksichtigung der Verwendung des Effektes für die Materialprüfung

Heft 97:
Ing. H. Stein, M.-Gladbach
Laboratorium für textile Meßtechnik
Untersuchung der Verzugsvorgänge an den Streckwerken verschiedener Spinnereimaschinen
2. Bericht: Ermittlung der Haft-Gleiteigenschaften von Faserbändern und Vorgarnen

Heft 98:
Fachverband Gesenkschmieden, Hagen
Die Arbeitsgenauigkeit beim Gesenkschmieden unter Hämmern

Heft 99:
Prof. Dr.-Ing. G. Garbotz, Aachen
Der Kraft- und Arbeitsaufwand sowie die Leistungen beim Biegen von Bewehrungsstählen in Abhängigkeit von den Abmessungen, den Formen und der Güte der Stähle (Ermittlung von Leistungsrichtlinien)

Heft 100:
Prof. Dr.-Ing. H. Opitz, Aachen
Untersuchungen von elektrischen Antrieben, Steuerungen und Regelungen an Werkzeugmaschinen

Heft 101:
Prof. Dr.-Ing. H. Opitz, Aachen
Wirtschaftlichkeitsbetrachtungen beim Außenrundschleifen

Heft 102:
Dr. phil. habil. P. Hölemann, Ing. R. Hasselmann und Ing. G. Dix, Dortmund
Untersuchungen über die thermische Zündung von explosiblen Azetylenzersetzungen in Kapillaren

Heft 103:
Prof. Dr. phil. W. Weizel, Bonn
Durchführung von experimentellen Untersuchungen über den zeitlichen Ablauf von Funken in komprimierten Edelgasen sowie zu deren mathematischen Berechnung

Heft 104:
Prof. Dr. phil. W. Weizel, Bonn
Über den Einfluß der Elektroden auf die Eigenschaften von Cadmium-Sulfid-Widerstands-Photozellen

Heft 105:
Dr.-Ing. R. Meldau, Harsewinkel/Westf.
Auswertung von Gekörn – Analysen des Musterstaubes „Flugasche Fortuna I"

Heft 106:
ORR. Dr.-Ing. W. Küch, Dortmund
Untersuchungen über die Einwirkung von feuchtigkeitsgesättigter Luft auf die Festigkeit von Leimverbindungen

Heft 107:
Prof. Dr. phil. H. Lange, Köln
Dipl.-Phys. P. St. Pütter, Köln
Über die Konstruktion von Laboratoriumsmagneten

Heft 108:
Prof. Dr. phil. W. Fuchs, Aachen
Untersuchungen über neue Beizmethoden und Beizabwässer
I. Die Entzunderung von Drähten mit Natriumhydrid
II. Die Aufbereitung von Beizabwässern

Heft 109:
Dr. phil. habil. P. Hölemann und Ing. R. Hasselmann, Dortmund
Untersuchungen über die Löslichkeit von Azetylen in verschiedenen organischen Lösungsmitteln

Heft 110:
Dr. phil. habil. P. Hölemann und Ing. R. Hasselmann, Dortmund
Untersuchungen über den Druckverlauf bei der explosiblen Zersetzung von gasförmigem Azetylen

Heft 111:
Fachverband Steinzeugindustrie, Köln
Die Entwicklung eines Gerätes zur Beschickung seitlicher Feuer von Steinzeug-Einzelkammeröfen mit festen Brennstoffen

Heft 112:
Prof. Dr.-Ing. H. Opitz, Aachen
Verschleißmessungen beim Drehen mit aktivierten Hartmetallwerkzeugen

Heft 113:
Prof. Dr. med. O. Graf, Dortmund
Erforschung der geistigen Ermüdung und nervösen Belastung: Studien über die vegetative 24-Stunden-Rhythmik in Ruhe und unter Belastung

Heft 114:
Prof. Dr. med. O. Graf, Dortmund
Studien über Fließarbeitsprobleme an einer praxisnahen Experimentieranlage

Heft 115:
Prof. Dr. med. O. Graf, Dortmund
Studium über Arbeitspausen in Betrieben bei freier und zeitgebundener Arbeit (Fließarbeit) und ihre Auswirkung auf die Leistungsfähigkeit

Heft 116:
Prof. Dr.-Ing. E. Siebel und Dr.-Ing. H. Weise, Stuttgart
Untersuchungen an einigen Problemen des Tiefziehens — I. Teil

Heft 117:
Dr.-Ing. H. Beißwänger, Stuttgart, und Dr.-Ing. S. Schwandt, Trier
Untersuchungen an einigen Problemen des Tiefziehens — II. Teil

Heft 118:
Prof. Dr. med. E. A. Müller und Dr. med. H. G. Wenzel, Dortmund
Neuartige Klima-Anlage zur Erzeugung ungleicher Luft- und Strahlungstemperaturen in einem Versuchsraum

Heft 119:
Dr.-Ing. O. Viertel, Krefeld
Wäscherei- und energietechnische Untersuchung einer Gemeinschafts-Waschanlage

Heft 120:
Dipl.-Ing. Weisbecker, Lüdenscheid
Über Anfressung an Reinstaluminium-Schweißnähten bei der elektrolytischen Oxydation
Gebr. Hörstermann GmbH., Velbert
Entwicklung und Erprobung eines neuartigen Gummibandförderers

Heft 121:
Dr. rer. nat. H. Krebs, Bonn
I. Die Struktur und die Eigenschaften der Halbmetalle
II. Die Bestimmung der Atomverteilung in amorphen Substanzen
III. Die chemische Bindung in anorganischen Festkörpern und das Entstehen metallischer Eigenschaften

Heft 122:
Prof. Dr. phil. W. Fuchs, Aachen
Untersuchungen zur Verbesserung der Wasseraufbereitung und Wasseranalyse:
Über die Schnellbewertung von Ionenaustauscher

Heft 123:
Dipl.-Ing. J. Emondts, Aachen
Über Bodenverformungen bei stark gestörtem und mächtigem, wasserführendem Deckgebirge im Aachener Steinkohlengebiet

Heft 124:
Prof. Dr. R. Seÿffert, Köln
Wege und Kosten der Distribution der Hausratwaren im Lande Nordrhein-Westfalen

Heft 125:
Prof. Dr. phil. E. Kappler, Münster
Eine neue Methode zur Bestimmung von Kondensations-Keeffizienten von Wasser

Heft 126:
Prof. Dr.-Ing. habil. J. Mathieu, Aachen
Arbeitszeitvergleich
Grundlagen, Methodik und praktische Durchführung

Heft 127:
Güteschutz Betonstein e.V.,
Arbeitskreis Nordrhein-Westfalen, Dortmund
Die Betonwaren-Gütesicherung im
Lande Nordrhein-Westfalen

Heft 128:
Prof. Dr. phil. O. Schmitz-DuMont, Bonn
Untersuchungen über Reaktionen in flüssigem Ammoniak

VERÖFFENTLICHUNGEN DER ARBEITSGEMEINSCHAFT FÜR FORSCHUNG DES LANDES NORDRHEIN-WESTFALEN

Im Auftrage des Ministerpräsidenten Karl Arnold

Herausgegeben von Staatssekretär Prof. Leo Brandt

Heft 1:

Prof. Dr.-Ing. Friedrich Seewald, Technische Hochschule Aachen
Neue Entwicklungen auf dem Gebiete der Antriebsmaschinen
Prof. Dr.-Ing. Friedrich A. F. Schmidt, Technische Hochschule Aachen
Technischer Stand und Zukunftsaussichten der Verbrennungsmaschinen, insbesondere der Gasturbinen
Dr.-Ing. R. Friedrich, Siemens-Schuckert-Werke A.-G., Mülheimer Werk
Möglichkeiten und Voraussetzungen der industriellen Verwertung der Gasturbine

Heft 2:

Prof. Dr.-Ing. Wolfgang Riezler, Universität Bonn
Probleme der Kernphysik
Prof. Dr. phil. Fritz Micheel, Universität Münster,
Isotope als Forschungsmittel in der Chemie und Biochemie

Heft 3:

Prof. Dr. med. Emil Lehnartz, Universität Münster
Der Chemismus der Muskelmaschine
Prof. Dr. med. Gunther Lehmann, Direktor des Max-Planck-Instituts für Arbeitsphysiologie, Dortmund
Physiologische Forschung als Voraussetzung der Bestgestaltung der menschlichen Arbeit
Prof. Dr. Heinrich Kraut, Max-Planck-Institut für Arbeitsphysiologie, Dortmund
Ernährung und Leistungsfähigkeit

Heft 4:

Prof. Dr. Franz Wever, Max-Planck-Institut für Eisenforschung, Düsseldorf
Aufgaben der Eisenforschung
Prof. Dr.-Ing. Hermann Schenck, Technische Hochschule Aachen
Entwicklungslinien des deutschen Eisenhüttenwesens
Prof. Dr.-Ing. Max Haas, Techn. Hochschule Aachen
Wirtschaftliche und technische Bedeutung der Leichtmetalle und ihre Entwicklungsmöglichkeiten

Heft 5:

Prof. Dr. med. Walter Kikuth, Medizinische Akademie Düsseldorf
Virusforschung
Prof. Dr. Rolf Danneel, Universität Bonn
Fortschritte der Krebsforschung
Prof. Dr. med. Dr. phil. W. Schulemann, Univ. Bonn
Wirtschaftliche und organisatorische Gesichtspunkte für die Verbesserung unserer Hochschulforschung

Heft 6:

Prof. Dr. Walter Weizel, Institut für theoretische Physik, Bonn
Die gegenwärtige Situation der Grundlagenforschung in der Physik
Prof. Dr. Siegfried Strugger, Universität Münster
Das Duplikantenproblem in der Biologie
Prof. Dr. Rolf Danneel, Universität Bonn
Über das Verhalten der Mitochondrien bei der Mitose der Mesenchymzellen des Hühner-Embryos
Direktor Dr. Fritz Gummert, Ruhrgas A.-G., Essen
Überlegungen zu den Faktoren Raum und Zeit im biologischen Geschehen und Möglichkeiten einer Nutzanwendung

Heft 7:
Prof. Dr.-Ing. August Götte, Technische Hochschule Aachen
Steinkohle als Rohstoff und Energiequelle
Prof. Dr. e. h. Karl Ziegler, Max-Planck-Institut für Kohlenforschung Mülheim a. d. Ruhr
Über Arbeiten des Max-Planck-Instituts für Kohlenforschung

Heft 8:
Prof. Dr.-Ing. Wilhelm Fucks, Technische Hochschule Aachen
Die Naturwissenschaft, die Technik und der Mensch
Prof. Dr. sc. pol. Walther Hoffmann, Universität Münster
Wirtschaftliche und soziologische Probleme des technischen Fortschritts

Heft 9:
Prof. Dr.-Ing. Franz Bollenrath, Technische Hochschule Aachen
Zur Entwicklung warmfester Werkstoffe
Dr. Heinrich Kaiser, Staatl. Materialprüfungsamt Dortmund
Stand spektralanalytischer Prüfverfahren und Folgerung für deutsche Verhältnisse

Heft 10:
Prof. Dr. Hans Braun, Universität Bonn
Möglichkeiten und Grenzen der Resistenzzüchtung
Prof. Dr.-Ing. Carl Heinrich Dencker, Universität Bonn
Der Weg der Landwirtschaft von der Energieautarkie zur Fremdenergie

Heft 11:
Prof. Dr.-Ing. Herwart Opitz, Technische Hochschule Aachen
Entwicklungslinien der Fertigungstechnik in der Metallbearbeitung
Prof. Dr.-Ing. Karl Krekeler, Technische Hochschule Aachen
Stand und Aussichten der schweißtechnischen Fertigungsverfahren

Heft: 12
Dr. Hermann Rathert, Mitglied des Vorstandes der Vereinigten Glanzstoff-Fabriken A.-G., Wuppertal-Elberfeld
Entwicklung auf dem Gebiet der Chemiefaser-Herstellung
Prof. Dr. Wilhelm Weltzien, Direktor der Textilforschungsanstalt Krefeld
Rohstoff und Veredlung in der Textilwirtschaft

Heft: 13
Dr.-Ing. e. h. Karl Herz, Chefingenieur im Bundesministerium für das Post- und Fernmeldewesen Frankfurt a. Main
Die technischen Entwicklungstendenzen im elektrischen Nachrichtenwesen
Ministerialdirektor Dipl.-Ing. Leo Brandt, Düsseldorf
Navigation und Luftsicherung

Heft 14:
Prof. Dr. Burckhardt Helferich, Universität Bonn
Stand der Enzymchemie und ihre Bedeutung
Prof. Dr. med. Hugo W. Knipping, Direktor der Med. Universitätsklinik Köln
Ausschnitt aus der klinischen Carcinomforschung am Beispiel des Lungenkrebses

Heft 15:
Prof. Dr. Abraham Esau, Technische Hochschule Aachen
Die Bedeutung von Wellenimpulsverfahren in Technik und Natur
Prof. Dr.-Ing. Eugen Flegler, Technische Hochschule Aachen
Die ferromagnetischen Werkstoffe in der Elektrotechnik und ihre neueste Entwicklung

Heft 16:
Prof. Dr. rer. pol. Rudolf Seyffert, Universität Köln
Die Problematik der Distribution
Prof. Dr. rer. pol. Theodor Beste, Universität Köln
Der Leistungslohn

Heft 17:
Prof. Dr.-Ing. Friedrich Seewald, Technische Hochschule Aachen
Die Flugtechnik und ihre Bedeutung für den allgemeinen technischen Fortschritt
Prof. Dr.-Ing. Edouard Houdremont, Essen
Art und Organisation der Forschung in einem Industriekonzern

Heft 18:
Prof. Dr. med. Dr. phil. W. Schulemann, Universität Bonn
Theorie und Praxis pharmakologischer Forschung
Prof. Dr. Wilhelm Groth, Direktor des Physikalisch-Chemischen Instituts, Universität Bonn
Technische Verfahren zur Isotopentrennung

Heft 19:
Dipl.-Ing. Kurt Traenckner, Stellvertr. Vorstandsmitglied der Ruhrgas-A.G., Essen
Entwicklungstendenzen der Gaserzeugung

Heft 20:
M. Zvegintzov
Wissenschaftliche Forschung und die Auswertung ihrer Ergebnisse. Ziel und Tätigkeit der National Research Development Corporation
Dr. Alexander King, Department of Scientific & Industrial Research, London
Wissenschaft und internationale Beziehungen

Heft 21:
Prof. Dr. phil. Robert Schwarz, Aachen
Wesen und Bedeutung der Silicium-Chemie
Prof. Dr. Kurt Alder, Universität Köln
Fortschritte in der Synthese von Kohlenstoffverbindungen

Heft 21 a
Jahresfeier der Arbeitsgemeinschaft für Forschung des Landes Nordrhein-Westfalen am 21. 5. 1952 in Düsseldorf mit Ansprachen des Herrn Bundespräsidenten Professor Dr. Theodor Heuss, des Herrn Ministerpräsidenten Arnold, Frau Kultusminister Teusch, der Herren Professor Dr. Hahn, Professor Dr. Strugger, Vizepräsident Dobbert, Professor Dr. Richter, Professor Dr. Fucks.

Heft 22:
Prof. Dr. Johannes von Allesch, Universität Göttingen
Die Bedeutung der Psychologie im öffentlichen Leben
Prof. Dr. med. Otto Graf, Max-Planck-Institut für Arbeitsphysiologie, Dortmund
Triebfedern menschlicher Leistung

Heft 23:
Prof. Dr. phil. Dr. jur. h. c. Bruno Kuske, Universität Köln
Probleme der Raumforschung
Prof. Dr. Dr.-Ing. e. h. Prager
Städtebau und Landesplanung

Heft 24:
Prof. Dr. Rolf Danneel, Universität Bonn
Über die Wirkungsweise der Erbfaktoren
Prof. Dr. K. Herzog, Medizinische Akademie Düsseldorf
Bewegungsbedarf der menschlichen Gliedmaßengelenke bei der Berufsarbeit

Heft 25:
Prof. Dr. O. Haxel, Heidelberg
Energiegewinnung aus Kernprozessen
Dr. Dr. Max Wolf, Düsseldorf
Gegenwartsprobleme der energiewirtschaftlichen Forschung

Heft 26:
Prof. Dr. Friedrich Becker, Universität Bonn
Ultrakurzwellen aus dem Weltraum, ein neues Forschungsgebiet der Astronomie
Dozent Dr. H. Straßl, Bonn
Bemerkenswerte Doppelsterne und das Problem der Sternentwicklung

Heft 27:
Prof. Dr. Heinrich Behnke, Universität Münster
Der Strukturwandel der Mathematik in der ersten Hälfte des 20. Jahrhunderts
Prof. Dr. E. Sperner, Bonn
Eine mathematische Analyse der Luftdruckverteilungen in großen Gebieten

Heft 28:
Prof. Dr. O. Niemczyk, Aachen
Die Problematik gebirgsmechanischer Vorgänge im Steinkohlenbergbau
Prof. Dr. W. Ahrens, Krefeld
Die Bedeutung geologischer Forschung für die Wirtschaft, besonders in Nordrhein-Westfalen

Heft 29:
Prof. Dr. B. Rensch, Münster
Das Problem der Residuen bei Lernleistungen
Prof. Dr. H. Fink, Köln
Über Leberschäden bei der Bestimmung des biologischen Wertes verschiedener Eiweiße von Mikroorganismen

Heft 30:
Prof. Dr.-Ing. F. Seewald, Aachen
Forschungen auf dem Gebiete der Aerodynamik
Prof. Dr.-Ing. K. Leist, Aachen
Forschungen in der Gasturbinentechnik

Heft 31:
Direktor Dr. F. Mietzsch, Wuppertal
Chemie und wirtschaftliche Bedeutung der Sulfonamide
Prof. Dr. G. Domagk, Wuppertal
Die experimentellen Grundlagen der Chemotherapie der bakteriellen Infektionen

Heft 32:
Prof. Dr. Hans Braun, Universität Bonn
Die Verschleppung von Pflanzenkrankheiten und -schädlingen über die Welt
Prof. Dr. Wilhelm Rudorf, Max-Planck-Institut für Züchtungsforschung, Voldagsen
Der Beitrag von Genetik und Züchtung zur Bekämpfung von Viruskrankheiten der Nutzpflanzen

Heft 33:
Prof. Dr.-Ing. V. Aschoff, Aachen
Probleme der elektroakustischen Einkanalübertragung
Prof. Dr.-Ing. H. Döring, Aachen
Erzeugung und Verstärkung von Mikrowellen

Heft 34:
Geheimrat Prof. Dr. Rudolf Schenck, Aachen
Bedingungen und Gang der Kohlenhydratsynthese im Licht
Prof. Dr. Emil Lehnartz, Universität Münster
Die Endstufen des Stoffabbaus im Organismus

Heft 35:
Prof. Dr.-Ing. H. Schenk, Aachen
Gegenwartsprobleme der Eisenindustrie in Deutschland
Prof. Dr.-Ing. E. Piwowarsky, Aachen
Gelöste und ungelöste Probleme des Gießereiwesens

Heft 36:
Prof. Dr. W. Riezler, Bonn
Teilchenbeschleuniger
Prof. Dr. med. G. Schubert, Hamburg
Anwendung neuer Strahlenquellen in der Krebstherapie

Heft 37:
Prof. Dr. F. Lotze, Münster
Probleme der Gebirgsbildung
Bergwerksdirektor Bergassessor a. D. Rauschenbach, Essen
Die Erhaltung der Förderungskapazität des Ruhrbergbaues auf lange Sicht

Heft 38:
Dr. E. C. Cherry, D. Sc., A.M.I.E.E., London
Cybernetics
Prof. Dr. E. Pietsch, Clausthal-Zellerfeld
Dokumentation und mechanisches Gedächtnis — zur Frage der Ökonomie der geistigen Arbeit

Heft 39:
Dr. H. Haase, Hamburg
Infrarot und seine technischen Anwendungen
Prof. Dr. A. Esau, Aachen
Die Bedeutung des Ultraschalls für technische Anwendungsgebiete

Heft 40:
Bergassessor F. Lange, Bochum-Hordel
Die wissenschaftliche und soziale Bedeutung der Silikose im Bergbau
Prof. Dr. W. Kikuth, Düsseldorf
Die Entstehung der Silikose und ihre Verbreitungsmaßnahmen

Heft 40a:
Prof. Dr. E. Groß, Bonn
Berufskrebs und Krebsforschung
Prof. Dr. H. W. Knipping, Köln
Die Situation der Krebsforschung vom Standpunkt der Klinik und des praktischen Arztes

Heft 41:
Dr.-Ing. G. V. Lachmann, Teddington
An einer neuen Entwicklungsschwelle im Flugzeugbau
Dr. A. Gerber, Zürich
Stand der Entwicklung der Raketen- und Lenktechnik

Heft 42:
Prof. Dr. Theodor Kraus, Köln
Lokalisationsphänomene und Raumordnung vom Standpunkt der geographischen Wissenschaft
Direktor Dr. Fritz Gummert, Essen
Vom Ernährungsversuchsfeld der Kohlenstoffbiologischen Forschungsstation Essen (Ein 6 Jahre lang

durchgeführter Versuch, einen Menschen aus dem Ertrag von 1250 qm zu ernähren).

Heft 43:
Prof. Giovanni Lampariello, Rom
Über Leben und Werk von Heinrich Hertz
Prof. Dr. Walter Weizel, Bonn
Über das Problem der Kausalität in der Physik

Heft 44:
Prof. Dr. Burckhardt Helferich, Bonn
Über Glykoside
Prof. Dr. Fritz Micheel, Münster
Kohlenhydrat-Eiweißverbindungen und ihre biochemische Bedeutung

Heft 45:
Prof. Dr. John von Neumann, Princeton/USA
Entwicklung und Ausnutzung neuerer mathematischer Maschinen
Prof. Dr. E. Stiefel, Zürich
Rechenautomaten im Dienste der Technik mit Beispielen aus dem Züricher Institut für angewandte Mathematik

Geisteswissenschaften

Heft 1:
Prof. Dr. W. Richter, Bonn,
Die Bedeutung der Geisteswissenschaften für die Bildung unserer Zeit
Prof. Dr. J. Ritter, Münster,
Die aristotelische Lehre vom Ursprung und Sinn der Theorie

Heft 2:
Prof. Dr. J. Kroll, Köln,
Elysium
Prof. Dr. G. Jachmann, Köln,
Die vierte Ekloge Vergils

Heft 3:
Prof. Dr. H. E. Stier, Münster,
Die klassische Demokratie

Heft 4:
Prof. Dr. W. Caskel, Köln,
Lihjan und Lihjanisch. Sprache und Kultur eines früharabischen Königreiches

Heft 5:
Prof. Dr. Th. Ohm, Münster,
Stammesreligionen im südlichen Tanganyika-Territorium. — Religionswissenschaftliche Ergebnisse meiner Ostafrikareise 1951

Heft 6:
Prälat Prof. Dr. G. Schreiber, Münster,
Deutsche Wissenschaftspolitik von Bismarck bis zum Atomphysiker Otto Hahn

Heft 7:
Prof. Dr. W. Holtzmann, Bonn,
Das mittelalterliche Imperium und die werdenden Nationen

Heft 8:
Prof. Dr. W. Caskel, Köln,
Die Bedeutung der Beduinen in der Geschichte der Araber

Heft 9:
Prälat Prof. Dr. Georg Schreiber, Münster
Iroschottische Motive im abendländischen Sakralraum

Heft 10:
Prof. Dr. P. Rassow, Köln,
Forschungen zur Reichsidee im 16. und 17. Jahrhundert

Heft 11:
Prof. Dr. H. E. Stier, Münster,
Roms Aufstieg zur Weltherrschaft

Heft 12:
Prof. Dr. D. K. H. Rengstorf, Münster,
Zum Problem der Gleichberechtigung zwischen Mann und Frau auf dem Boden des Urchristentums
Prof. Dr. H. Conrad, Bonn,
Grundprobleme einer Reform des Familienrechts

Heft 13:
Professor Dr. Max Braubach, Bonn,
Der Weg zum 20. Juli 1944 — Ein Forschungsbericht

Heft 14:
Prof. Dr. Paul Hübinger, Münster
Das deutsch-französische Verhältnis und seine mittelalterlichen Grundlagen

Heft 15:
Prof. Dr. Franz Steinbach, Bonn,
Der geschichtliche Weg des wirtschaftenden Menschen in die soziale Freiheit und politische Verantwortung

Heft 16:
Prof. Dr. Josef Koch, Köln,
Die Ars coniecturalis des Nikolaus von Cues

Heft 17:
Dr. James B. Conant,
U.S.-Hochkommissar für Deutschland,
Staatsbürger und Wissenschaftler
Prof. Dr. D. Karl Heinrich Rengstorf, Münster,
Antike und Christentum

Heft 18:
Prof. Dr. Richard Alewyn, Köln,
Klopstocks Publikum

Heft 19:
Prof. Dr. Fritz Schalk, Köln,
Das Lächerliche in der französischen Literatur des Ancien Régime

Heft 20:
Prof. Dr. Ludwig Raiser, Bad Godesberg,
Präsident der Deutschen Forschungsgemeinschaft
Rechtsfragen der Mitbestimmung

Heft 21:
Prof. D. Martin Noth, Bonn,
Das Geschichtsverständnis der alttestamentlichen Apokalyptik

Heft 22:
Prof. Dr. Walter F. Schirmer, Bonn
Glück und Ende der Könige in Shakespeares Historien

Heft 23:
Prof. Dr. Günther Jachmann, Köln
Der homerische Schiffskatalog und die Ilias

Heft 24:
Prof. Dr. Theodor Klauser, Bonn
Die römischen Petrustraditionen im Lichte der neuen Ausgrabungen unter der Peterskirche

Heft 25:
Prof. Dr. Hans Peters, Köln
Der Grundsatz der Gewaltentrennung in heutiger Sicht

Heft 26:
Prof. Dr. Fritz Schalk, Köln
Calderon und die Mythologie

Heft 27:
Prof. Dr. Josef Kroll, Köln
Vom Leben Geflügelter Worte

Heft 28:
Prof. Dr. Thomas Ohm
Die Religionen in Asien

Heft 29:
Prof. Dr. Leo Weisgerber, Bonn
Die Ordnung der Sprache im persönlichen und öffentlichen Leben

Heft 30:
Prof. Dr. Werner Caskel, Köln
Entdeckungen in Arabien

Heft 31:
Prof. Dr. Max Braubach, Bonn
Entstehung und Entwicklung der landesgeschichtlichen Bestrebungen und historischen Vereine im Rheinland

Heft 32:
Prof. Dr. Fritz Schalk, Köln
Somnium und verwandte Wörter in den romanischen Sprachen

MIX
Papier aus verantwortungsvollen Quellen
Paper from responsible sources
FSC® C105338

If you have any concerns about our products,
you can contact us on
ProductSafety@springernature.com

In case Publisher is established outside the EU,
the EU authorized representative is:
**Springer Nature Customer Service Center GmbH
Europaplatz 3, 69115 Heidelberg, Germany**

Printed by Libri Plureos GmbH
in Hamburg, Germany